国家自然科学基金项目（61703005）成果

多Agent系统中重叠联盟形成机制与应用研究

桂海霞　著

中国科学技术大学出版社

内 容 简 介

在多 Agent 系统中,由于单个 Agent 资源和能力是有限的,Agent 间可以通过结盟方式共同完成系统中的任务,但是 Agent 间如何形成高效的联盟是联盟形成中的一个难点问题。本书首先介绍了相关的联盟结构生成算法并对其进行了性能分析,研究了基于差分进化和编码修正的重叠联盟结构生成算法;然后提出了一种面向并发多任务的重叠联盟效用分配策略,并基于云模型和模糊软集合对 Agent 联盟进行评价;最后将重叠联盟应用于虚拟企业伙伴选择和水电建设项目研究中。本书旨在帮助实现复杂系统智能化的实施和决策,对推动复杂决策系统智能化具有一定的应用价值。

本书可作为计算机应用技术、管理科学与工程专业研究生教材,也可作为相关领域研究人员的参考书。

图书在版编目(CIP)数据

多 Agent 系统中重叠联盟形成机制与应用研究/桂海霞著. —合肥:中国科学技术大学出版社,2022.5

ISBN 978-7-312-05292-7

Ⅰ. 多… Ⅱ. 桂… Ⅲ. 软件工具—程序设计—研究 Ⅳ. TP311.561

中国版本图书馆 CIP 数据核字(2021)第 178291 号

多 **Agent** 系统中重叠联盟形成机制与应用研究

DUO AGENT XITONG ZHONG CHONGDIE LIANMENG XINGCHENG JIZHI YU YINGYONG YANJIU

出版	中国科学技术大学出版社
	安徽省合肥市金寨路 96 号,230026
	http://press.ustc.edu.cn
	https://zgkxjsdxcbs.tmall.com
印刷	安徽国文彩印有限公司
发行	中国科学技术大学出版社
开本	710 mm×1000 mm 1/16
印张	10.5
字数	183 千
版次	2022 年 5 月第 1 版
印次	2022 年 5 月第 1 次印刷
定价	50.00 元

前　言

随着大数据时代的到来,复杂决策系统正在向智能化的方向迅速发展。复杂决策系统作为系统科学中的一个前沿方向,近年来一直是人们关注的一个热点。随着多 Agent 系统(multi-Agent systems,MAS)理论的不断发展,基于 MAS 的复杂系统仿真技术正在蓬勃兴起,以适应计算机支持的协同工作等应用需求。联盟研究一直是 MAS 和人工智能领域的一个非常重要和活跃的方向,面向多任务领域的 MAS 是由多个 Agent 间竞争某些资源而组成的计算系统。在 MAS 中提供了一种灵活的协作方式,能够让一些独立的 Agent 为了解决某一特定任务而自发地组织在一起,在一定时间内结成一个协作团队,这样的团队即为联盟。本书是笔者在多年从事将联盟形成理论引入复杂系统的仿真和应用过程中逐渐总结升华的。笔者在实践中越来越感觉到非重叠联盟存在着资源浪费现象,且无法及时、稳定地处理复杂系统中的并发多任务决策和调度问题,需要一种新的方法来提高系统解决复杂问题的效率和稳定性,并能方便地组成智能程度更高的复杂系统,这也是研究重叠联盟形成问题并用于加强复杂系统功能的根源所在。

通过本书研究有以下发现:

(1) 联盟形成研究是多 Agent 系统领域中非常重要的研究内容,Agent 间如何形成高效的联盟是联盟形成中的一个难点问题。在 MAS 中,由于单个 Agent 的资源和能力是有限的,Agent 间可以通过结盟方式共同完成系统中的任务。传统的研究都将一个 Agent 局限于一个联盟中,即当一个联盟形成后,加入到此联盟的每个 Agent 即使有足够的资源也不能参与其他联盟。这样就浪费了 Agent 资源、能力的利用率,从而影响了整个系统的效益,不能满足实际应用场合的需求。

(2) 多 Agent 系统中重叠联盟形成研究需要进行数学建模与分析,结合进化算法设计重叠联盟形成算法,研究重叠联盟效用分配及评价,需要分布式人工智能、MAS、进化算法、联盟博弈等多学科理论的交叉融合。研究的内容可以为复杂系统的研究提高一个新台阶,充实智能优化算法等理论研究,可提高现有复杂系统的仿真技术水平和功能,具有重要的理论意义。

(3) 多目标并发处理理论与算法是 MAS 中的关键技术之一,重叠联盟的数学建模和算法可为复杂决策系统中的并发处理提供强有力的技术支持,有助于提高决策系统解决复杂问题的效率和稳定性,并能更好地组成智能化更高的复杂决策系统。本书研究成果应用到虚拟企业的伙伴选择和水电建设项目中,对企业和水电建设项目相关领域的发展都有着十分重要的借鉴意义。

总之,本书所研究的多 Agent 系统中的重叠联盟机制属于 MAS 中的并发多目标处理的关键技术,有利于实现更加智能化的复杂决策系统。

本书在撰写过程中参考了大量文献资料,在此对引用的所有文献资料的作者表示衷心的感谢。同时,引用和参考的文献可能有遗漏,敬请相关作者谅解。

由于作者水平有限,本书所研究的方法和内容未及全面,难免有不妥之处,期待读者给予批评指正。

桂海霞

2022 年 1 月

目　　录

第1章 绪 论

本章首先介绍了该课题研究的背景和国内外研究现状;然后阐述了多Agent 系统中联盟形成研究的相关问题,主要包括联盟结构生成、重叠联盟的模型和效用分配;最后介绍了本课题的来源、目的与意义、主要研究内容。

1.1 研 究 背 景

Agent 理论与技术的研究最早起源于分布式人工智能[1-3],属于人工智能一个非常重要的研究方向。在计算机科学技术日益发展的今天,Agent 理论及相关技术的研究是一个意义重大的研究课题,并逐步从分布式人工智能中分离出来。而作为前沿方向的复杂决策系统不仅仅在系统科学中有重大价值,同时伴随人们一直以来的关注,也成为当前研究讨论的热点。正是由于计算机科学的发展,多 Agent 系统理论得到了迅速的发展,而同时为应对计算机支持的多种应用需求,如协同工作,以 MAS 为基石的复杂系统仿真技术也得以形成并不断发展。[4]结盟研究一直是 MAS 和人工智能领域的一个非常重要和活跃的方向,面向多任务领域的 MAS 是由多个 Agent 间竞争某些资源而组成的计算系统。[5]在 MAS 中针对一些独立的 Agent 提供了一种协作方式,通过这种协作方式可以在一定的时间内让这些 Agent 自发地为了某一特定的任务组成一个协作团队,一般称此协作团队为联盟(coalition)。[6-7] 联盟形成(coalition formation,CF)是一组 Agent 为了完成一系列的任务共享资源的过程,是 MAS 中一个基本和重要的形式,能够提高单个 Agent 的效益和有效地完成任务,因此如何形成一个有效的联盟是 MAS 和人工智能的重要研究问题。

就目前而言,联盟形成已经广泛应用在日常生活中,比如日常工作中必不可少的电子商务[8]、多媒体传输[9]、传感器网络[10]、多机器人协作[11]、无线网络[12]、信息安全[13]等。通常来说,CF 的研究基本上都是针对联盟结构生成(coalition structure generation,CSG),一般研究的都是围绕非重叠联盟这一范围,即在任何时刻,每个 Agent 都只能参与一个联盟、完成一个任务。如国内外一些权威学者已对 CSG 相关问题进行了深入的研究,并提出了一些独特的见解。[14-18]不过这些研究探讨的都是限制一个 Agent 在一个联盟中,也就是说,当一个联盟形成后,加入到此联盟的每个 Agent 即使有足够的资源也不能加入其他联盟。

然而,一个有丰富资源的 Agent 不应该只参与一个联盟,为了获取更多的利益,其完全可以参与几个联盟。显然,这种重叠性能够提高 Agent 资源的利用率和任务完成的效率及系统的收益。比如说,在虚拟企业中,有着丰富资源的一些小企业可以选择同时参与多个商业联盟,为不同的联盟提供服务,从而获取更多的收益。[19-20]这样,重叠联盟(overlapping coalition)由此产生,即同一时刻,任意一个 Agent 可以加入多个不同的联盟,贡献其资源并完成多个不同的任务,这样可以充分利用 Agent 的资源,同时提高了任务完成的效率,从而也提高了整个系统的效益。[21]

本书是通过对前人研究联盟形成理论的结果加以分析提炼而来的。而且在实践中,也不难发现,所谓的非重叠联盟存在很严重的资源浪费现象,通过对联盟形成理论引入仿真复杂系统和应用过程中的分析,很容易发现非重叠联盟不能及时稳定地处理系统出现的问题。因而,为了有效地解决系统中并发多任务和调度的问题,就需要一种可以优化系统、提高解决问题效率的方法,并且通过新的方法可以很便捷地形成更高智能的复杂系统,同时确保解决问题的稳定性,为此,重叠联盟应运而生。

1.2　国内外研究现状

我们知道重叠联盟不同于非重叠联盟,在重叠联盟中,同一时刻,任意一个 Agent 可以加入不同的联盟完成不同的任务,反过来,多个任务可以同时竞争同一个 Agent 的某种资源。这样就会存在资源冲突现象,因为同一个 Agent 每种资源是有限的,当同一个有限资源的 Agent 同时参与多个任务对应的联盟时，这些联盟的请求就会得不到满足，从而这些联盟也就无法完成其对应的任务，即会产生资源冲突和联盟死锁，从而整个系统无法运行。

1996 年，Shehory 和 Kraus 首次在 *Artificial Intelligence* 上公开提出重叠联盟形成(overlapping coalition formation，OCF)时直接将非重叠联盟的模型照搬过来，为了避开重叠联盟所带来的资源冲突问题，简单地假设所有任务的执行是串行的，且每个 Agent 在完成任务后其资源不会损耗，显然这与现实世界中的情形是不相符的。[22] 因为资源是有限的，同时可能存在并发的多个任务，需要同时形成多个联盟来予以求解，而这种情况所面临的资源冲突问题最严重。2005 年 6 月，罗兰大学的 Palla 等提出：在具体实际应用中，复杂系统中的个体存在彼此重叠、互相关联，且具有多样性的特点，某一个体可以同时属于不同的类别和目标。[23] 2009 年，Chalkiadakis 等从对策论中引入"核"的概念来对 OCF 进行建模，算得上是一个开创性的工作，但遗憾的是，其模型仍然是基于一个过分理想的先决条件，即每个 Agent 仅拥有单一的(一维)资源，且在重叠联盟中的分配不存在冲突现象。[24] Xu 和 Li 将每个 Agent 每维能力转移给不同的子 Agent，采取二维二进制编码，一行代表一个 Agent，一列代表一个子 Agent(后称 XL 算法)。[25] 然而这个算法不能确信每个编码都是合法的，许多不合法的编码在每次迭代过程中都被丢弃，而且该算法忽视了重叠联盟中的资源冲突。Lin 和 Hu 提出一种编码修正算法(后称 LH 算法)，若一个有效联盟有剩余资源，就将其保存在随机选择的一个 Agent 中，并由该 Agent 参与其他无效联盟的求解，这样是为了避免资源冲突的发生。[26] 但该算法的缺点是丢弃了大量的非法编码，而这些非法编码中许多能够修正为合法的编码，从而降低了算法的效率。Zhang 等在上述基础上提出了一种无效编码修正算法，但是该算法必须检查所有行和列，其操作是极其复杂的，并基于粒子群优化求解重叠联盟生成问题。[27] 张国富等提出采用二维二进制编码的离散粒子群算法的重叠联盟生成，并给出了无效编码的修正算法，根据任务优先级先检查优先级最高的行，再检查此行对应的每一列以防引起资源冲突，但是此算法必须检查所有行和列，其操作是极其复杂的。[28] 最近，杜继永等基于二维整数编码方式的连续粒子群算法解决重叠联盟生成问题，该文提出的编码修正算法借鉴文献[28] 的思路，采用 Agent 的剩余资源的思想，提高了算法最优解的性能，但是该修正算法中行调整的策略进行置零的操作，增加了算法的运行时间，这个实际上是不必要的。[29] Chalkiadakis、Zick 和 Zhan 对重叠联盟的研究主要是 OCF 相关问题的计算复杂性分析。[30-32] 在已有相关算法的研究中，虽然在资源冲突消解上已取得了显著的成果,但是研究的同时也发现在有些特殊情况下,现有的算法还不能很好地解决问题,在 Agent 资源有限的情况下,多个不同的联盟竞争同一个 Agent 同一种资源时会产生激烈的资源冲突情况,如何进行冲突消解需要进一步的改进。

联盟形成后,如何对形成的联盟进行合理的效用划分是重叠联盟研究中的一个热点。由于 Agent 个体一般都是自利的,都想从联盟中获得更多的收益,这样每个 Agent 个体都非常关注联盟效用的分配问题。效用分配的合理既是联盟形成的重要基础,又是联盟稳定性的重要保证,进而促进任务的顺利完成以获得更多的收益。

效用划分方案多数是根据 Shapley 值进行划分的,即定义某个 Agent 在联盟中的一个随机次序值,该 Agent 获得的效用就为该 Agent 在联盟形成中贡献的效用增量与该次序概率的加权平均值。[33]罗翙等采取效用非减的分配原则,对效用进行平均分配。[34]蒋建国等提出的按劳分配的效用划分充分反映了 Agent 对于联盟贡献的差异性。[35]夏娜等在满足效用非减的原则上,提出了合理地划分额外效用,维护了每个 Agent 的利益。[36]但是以上关于联盟效用分配的研究都是针对非重叠联盟的,即要求任意时刻每个 Agent 都只能加入一个联盟。2010 年,Chalkiadakis 等在 *ACM SIGecom Exchanges* 上概略介绍了其正在研究的(基于很多先验假设的)简易重叠联盟博弈模型及其效用分配问题,但正如作者在文尾坦诚的那样,其研究成果仍是探索性的,还需要进一步研究更自然的、更具有普遍意义的重叠联盟效用分配策略。[37]张国富等提出基于讨价还价的重叠联盟效用划分策略,但此方法对多联盟的效用依次串行进行划分,不能处理并发多任务的情形。[38]

由于 OCF 刚刚起步,其应用有待进一步拓展。OCF 的研究成果不仅可以应用到复杂供应链系统中,而且对虚拟企业的伙伴选择[39-40]、无线传感器网络[41-42]、多摄像机智能协同监控[43-44]、灾害应急管理中多应急点多资源并发调度[45-46]等多个不同领域的研究和发展都具有重要的参考价值。另外,OCF 模型在无线电网络[47]、蜂窝网络[48]、社交网络[49]及移动 LTE-A 网络[50]中也广为使用。

但是目前针对 OCF 的研究基本上都是对 Agent 的资源没有约束的有关问题的研究,而从实际应用情况考虑,对 Agent 的资源进行约束的研究更加符合现实情况。同时,为了最大程度地提高 Agent 参与联盟承担任务的积极性,OCF 中允许 Agent 加入多个任务是很有必要的。

1.3　联盟形成研究

在分布式人工智能和 MAS 研究领域中,单凭单个有限资源的 Agent 很难完成一个复杂任务。为了能够完成任务,Agent 间就要进行协作组成对应的团队(teams)合作完成任务[51],这就是联盟形成,简称 CF[52-53],即 Agent 间通过相互协作自发组成团队的过程。当前人工智能(Artificial Intelligence,AI)和 MAS 中的研究热点之一是通过 CF 如何形成一个有效联盟。[54-56]一般情况下,关于 CF 的研究主要包括联盟结构生成和效用分配两个方面。

1.3.1　联盟结构生成

在 CF 的研究中,联盟结构生成是 MAS 中的一个研究热点,是 Agent 间协作的一种方式。[57]传统的研究中,一般 CSG 都要求任一 Agent 在同一时刻只能加入一个联盟完成其对应的一个任务,而资源丰富的 Agent 完全可以同时加入多个联盟完成多个任务,这已应用在各个行业中。通过 CSG 可以处理多个 Agent 合作形成联盟完成任务,下面给出 CSG 的数学定义。

设 MAS 中有 n 个 Agent,$A = \{a_1, \cdots, a_n\}$。一般把 A 的任意一个非空子集定义为联盟 C,而 A 的一个划分就定义为一个联盟结构 CS,联盟结构 CS 中的每个联盟之间是互不相交的,且它们的并集为 A。

例如,假设 $A = \{a_1, a_2, a_3\}$ 是 MAS 中对应的 Agent。此时可能存在的联盟为:$\{a_1, a_2, a_3\}$,$\{a_1, a_2\}$,$\{a_1, a_3\}$,$\{a_2, a_3\}$,$\{a_1\}$,$\{a_2\}$,$\{a_3\}$。存在的联盟结构为:$\{\{a_1\}, \{a_2\}, \{a_3\}\}$,$\{\{a_1, a_2\}, \{a_3\}\}$,$\{\{a_1, a_3\}, \{a_2\}\}$,$\{\{a_2, a_3\}, \{a_1\}\}$,$\{\{a_1, a_2, a_3\}\}$。

对于一个给定的联盟 C 和其对应的联盟结构 CS,C 在 CS 中的联盟值用 $v(C, CS) \geqslant 0$ 表示,则联盟结构值用 $V(CS) = \sum_{C \in CS} v(C, CS)$ 表示。

通过上述描述可以看出,CSG 中的研究难点就是如何搜索到一个最优联盟结构,使得该联盟结构中联盟值是最大的。目前国内外关于 CSG 的研究已取得了一定的成功,一般都是从设计一种算法以寻找最优联盟机构和分析计算复杂性进行的。为此,Sandholm 等把实时联盟结构生成放在最坏的情况下去研究[58]；Rahwan 等为了找到问题的最优解，采用动态规划进行处理[59]；Dang 等提出考虑不同任务环境下的联盟结构生成[60]；Jennings 等为了找到最优联盟结构，采用 Rahwan 提出的思想，通过改进的动态规划的方法进行求解[61]。可以看出，这些研究都是从各自不同的研究角度去分析联盟结构的相关问题并提出相对应的解决算法。而分析这些模型可知，随着 Agent 个数的不断增加，CSG 数目也将随之越来越多，此时采用全局搜索策略一般很难得到问题的解。这时，需要采用其他方法搜索联盟结构，一般可以通过采用一些随机优化策略的方法进行处理。

但是，上述定义的联盟结构，一般要求任何时刻一个 Agent 同时只能加入一个联盟完成一个任务，即非重叠联盟。但是在很多实际情况中，存在一些 Agent 的资源很丰富，此时若还要求它们只能加入一个联盟，这些 Agent 部分资源肯定得不到利用，造成资源的大大浪费，从而降低了系统的资源利用率。所以重叠联盟的概念油然而生，重叠联盟的结构生成是必须考虑的，因为重叠联盟能够允许一个 Agent 同时加入多个联盟完成对应的多个任务，从而能够适应更多的实际应用达到资源利用的最大化。

1.3.2　重叠联盟结构生成

为了充分利用 Agent 的资源和能力，在 MAS 中求解多任务时需要考虑重叠联盟，这样可以提高 Agent 资源的利用率和 Agent 求解任务的积极性，同时也更加符合实际的需求，从而系统求解任务的整体效率也会得到大幅度提高。同时为了考虑更多的实际情况，在 CSG 理论基础上形成了重叠联盟结构生成（overlapping coalition structure generation, OCSG）的概念，下面给出重叠联盟的数学模型：

设 MAS 中有 n 个 Agent，$A = \{a_1, \cdots, a_n\}$，有 m 个任务 $T = \{t_1, \cdots, t_m\}$ 需要完成。

对于 $\forall a_j \in A$，具有 r 种初始资源向量 $\boldsymbol{B}_j = [b_1^j, b_2^j, \cdots, b_r^j]$，$0 \leqslant b_k^j < \infty$，$j = 1, \cdots, n, k = 1, \cdots, r, r \in \mathbf{N}$，表示 a_j 具有 r 种资源的数量。

对于 $\forall t_i \in T$，都需要 r 种资源 $D_i = [d_1^i, d_2^i, \cdots, d_r^i]$ 才能完成，这里，$0 \leqslant d_k^i < \infty$，$i = 1, \cdots, m$。

联盟 $C_i \subset A, C_i \neq \varnothing$，联盟 C_i 为求解任务 t_i 的联盟。在重叠联盟里，同一时刻，每个 Agent 可以参与多个联盟贡献自己的资源。也就是说，对于每个

联盟 C_i，$\forall a_j \in A$ 有一个实际分配的资源数 $W_{ji} = [w_1^{ji}, w_2^{ji}, \cdots, w_r^{ji}]$，$0 \leqslant w_k^{ji} \leqslant b_k^j$。值得注意的是，如果 a_j 没有加入联盟 C_i，则 $W_{ji} = 0$。显然，a_j 对所有任务的实际资源贡献之和不应该超过其资源初始总量，否则就会产生资源冲突，即要想避免资源冲突，必须满足 $\sum_{i=1}^{m} w_k^{ji} \leqslant b_k^j$。而且，重叠联盟 C_i 的资源向量 $\boldsymbol{B}_{C_i} = [b_1^{C_i}, b_2^{C_i}, \cdots, b_r^{C_i}]$，$b_k^{C_i} \geqslant 0$。它应该是其每个成员的实际贡献量之和，即对 $\forall k \in \{1, \cdots, r\}$，有 $b_k^{C_i} = \sum_{a_j \in C_i} w_k^{ji}$，也就是任务的资源需求满足 $b_k^{C_i} = \sum_{a_j \in C_i} w_k^{ji} = d_k^i$。

对于 $\forall a_j \in A$，有 r 种剩余资源 $P_j = [p_1^j, p_2^j, \cdots, p_r^j]$，$0 \leqslant p_k^j \leqslant b_k^j$，表示 a_j 参与某个联盟后的剩余资源。值得注意的是，如果 a_j 没有参与任何联盟，$P_j = B_j$，否则 $p_k^j = b_k^j - \sum_{i=1}^{m} w_k^{ji}$。

联盟 C_i 的值计算可以通过下面的特征函数 $v(C_i) \geqslant 0$ 求出[6-7]：

$$v(C_i) = \pi(t_i) - \theta(C_i) - \varepsilon(C_i) \tag{1.1}$$

其中，$\pi(t_i)$ 是完成任务 t_i 所获得的报酬，一般为一个给定的常数；$\theta(C_i)$ 是联盟成员总资源折合的成本；$\varepsilon(C_i)$ 是联盟 C_i 中的各 Agent 成员协作求解任务 t_i 过程中的通信成本。假设 a_{j_1} 与 a_{j_2} 之间的通信成本为 ξ_{j_1,j_2}，一般也是用一个给定的常数表示，则有 $\xi_{j_1,j_1} = 0$，$\xi_{j_1,j_2} = \xi_{j_2,j_1}$，若联盟 $C_i = \{a_{j_1}, a_{j_2}, a_{j_3}\}$，则通信成本为 $\varepsilon(C_i) = \xi_{j_1,j_2} + \xi_{j_1,j_3} + \xi_{j_2,j_3}$。

对于给定任务序列 $t_1, \cdots, t_m$，重叠联盟结构生成问题就是在满足式(1.2)的条件下，得到 m 个任务对应的 m 个求解联盟 $C_1, \cdots, C_m$，使得系统总收益 v_{MAS} 尽可能大。

$$\sum_{j=1}^{n} b_k^j \geqslant \sum_{i=1}^{m} d_k^i, \quad k = 1, \cdots, r \tag{1.2}$$

$$v_{\mathrm{MAS}} = \sum_{i=1}^{m} v(C_i) \tag{1.3}$$

其中，式(1.2)表示所有 Agent 的初始能力应不小于所有任务能力需求，即资源充足。

1.3.3 效用分配

多 Agent 系统中，形成的联盟在完成任务后，参与该联盟的每个 Agent 均会获得相应的效用,因此很有必要对联盟的效用分配进行研究。而效用分配一般是指如何把 Agent 合作完成任务所获得的报酬分配给参与联盟的各个 Agent。联盟的效用分配是多 Agent 系统研究领域的一个热点,效用分配一般应遵循效用与贡献匹配的原则,合理的效用分配能够使得每个 Agent 积极、高效地协商一致形成联盟。在多 Agent 系统中,一种重要的合作形式就是多个 Agent 进行有效合作,形成多个 Agent 的联盟。多个 Agent 形成联盟的目的就是获得更高的收益。然而,由于 Agent 个体一般都是自利的,都想从 Agent 联盟中获得更多的收益,这样每个 Agent 个体都非常关注联盟效用的分配问题。效用分配的合理既是联盟形成的重要基础,又是联盟稳定性的重要保证,进而促进任务的顺利完成以获得更多收益。

为了促进联盟的形成,通常研究将联盟限于超加性环境中,即对 $\forall C_1, C_2 \subseteq A$,若 $C_1 \bigcap C_2 = \varnothing$,则 $v(C_1 \bigcup C_2) \geqslant v(C_1) + v(C_2)$,即形成一个新联盟都能带来一定的额外效用。

合理的联盟效用分配能够使得每个 Agent 更愿意参与联盟完成对应的任务,同时可以促进联盟的形成,使联盟保持稳定性,从而可以提高整个系统完成任务的效率。反之,效用分配不合理、不公平,即有些 Agent 获得的效用与自己实际贡献的不相符,甚至有些 Agent 不劳而获。而这种不合理的效用分配方式肯定会让联盟中的 Agent 求解任务的积极性备受打击,甚至可能使得某些 Agent 由于不公平的效用分配,得不到合理的报酬而中途退出任务求解联盟,从而会影响联盟的稳定性,最终导致整个系统无法完成任务。

1.3.4　联盟评价

对形成的联盟进行实时评价是当前需要考虑的一个重要问题,及时有效的评价能够有助于联盟顺利地完成各自分配的任务,提高形成联盟中每个 Agent 的积极性,并高效指导后续任务的执行。联盟的优劣与成员 Agent 的能力强弱、协调配合的性能、通信开销及 Agent 之间的熟悉度等因素密切相关,这些因素难以用定量的数值表示,只能用一些模糊性、概略性和不确定性的自然语言值表示,这给评价带来了一定的困难,再加上评价专家意见的不一致性,采用常规的评判方法(如简单加权、模糊评判等)难以产生合理的结果。

目前,研究相对比较匮乏的是重叠联盟形成中的联盟结构生成,而效用分配基本上都是针对非重叠联盟形成进行研究的,对于我们目前需要的重叠联盟效用分配的研究则就相当匮乏了。鉴于此,本书重点研究重叠联盟结构生成、重叠联盟效用分配和联盟评价这 3 个方向,并将重叠联盟形成理论应用到虚拟企业伙伴选择和水电建设项目中,从而展开研究和探索。

1.4　目的与意义

本书是笔者在多年从事将联盟形成理论引入复杂系统的仿真和应用过程中逐渐总结升华的,笔者在实践中越来越感觉到非重叠联盟存在着资源浪费现象,且无法及时、稳定地处理复杂系统中的并发多任务决策和调度问题,需要一种新的方法来提高系统解决复杂问题的效率和稳定性,并能方便地组成智能程度更高的复杂系统,这也是笔者研究重叠联盟形成问题并用于加强复杂系统功能的根源所在。

本书主要运用差分进化算法,旨在研究多 Agent 系统中的重叠联盟结构生成算法、效用分配、联盟评价及将重叠联盟形成理论应用到虚拟企业伙伴选择和水电建设项目中。

本书所研究的多 Agent 系统中的重叠联盟机制属于 MAS 中的并发多目标处理的关键技术,有利于实现复杂系统智能化的实施和决策。本课题需要多学科理论知识的相关研究,主要涉及复杂系统、分布式人工智能、进化计算、联盟博弈等方面的交叉融合。

(1) 重叠联盟机制研究属于多学科交叉研究,具有重要的理论意义。

本书不仅对多 Agent 系统中的重叠联盟进行数学建模与分析,还要运用差分进化算法设计重叠联盟结构生成算法,研究重叠联盟效用分配策略及基于重叠联盟形成理论求解虚拟企业伙伴选择问题,需要多学科理论的交叉融合。研究的内容可以为复杂系统的研究提高一个新台阶,充实智能优化算法等理论研究。

(2) 重叠联盟机制研究是推动复杂决策系统智能化的重要手段,具有一定的应用价值。

多目标并发处理理论与算法是 MAS 中的关键技术之一,重叠联盟的数学建模和算法可为复杂决策系统中的并发处理提供强有力的技术支持,有助于提高决策系统解决相关问题的效率,并能智能化地处理决策系统中的复杂问题。

研究成果不仅可以应用到复杂供应链系统中,而且对虚拟企业的伙伴选择、灾害应急管理中的多应急点多资源并发调度、无线传感器网络、多机器人协作、电子商务中的多任务决策等方面的研究都有一定的指导价值和借鉴意义。

1.5 主要研究内容

本书由 8 章组成。

第 1 章 绪论

绪论部分首先提出本书的研究背景,简单阐述了国内外研究现状,针对 MAS 中非重叠联盟形成存在的一些不足之处,提出了重叠联盟形成的概念;然后介绍了 MAS 中的联盟形成理论,同时对本课题来源、目的和意义、主要研究内容进行了说明。

第 2 章 基于智能优化算法的联盟结构生成

本章对相关的联盟结构生成进行了性能分析,包括非重叠联盟和重叠联盟的结构生成算法,对重叠联盟分别分析了无编码修正和有编码修正的重叠联盟结构生成算法,为第 3 章改进的方法提供了理论基础和方法依据。

第 3 章 基于二维编码和编码修正的重叠联盟结构生成

在重叠联盟中,每个 Agent 可以同时参与多个任务对应的不同联盟,由于每个 Agent 资源有限,这就会产生资源冲突。为了解决资源冲突,本章提出一种改进的编码修正算法,只需检查编码的每一行,就可以将一个无效的二维二进制编码修正为一个合法的编码,并和相关算法进行对比分析。

第 4 章 基于差分进化和编码修正的重叠联盟结构生成

重叠联盟中一个 Agent 可以同时参与多个不同的任务求解联盟,这样会带来资源冲突。为了解决资源冲突这一问题,本章将传统的差分进化扩充到三维整数编码,编码中的每一个元素代表某 Agent 在某种资源上对某任务的实际贡献量。同时设计了相应的个体修正策略以评估和解决编码中可能存在的资源冲突,并和前人算法进行了对比实验分析。

第 5 章 面向并发多任务的重叠联盟效用分配策略

本章针对已有联盟效用分配算法的不足之处,提出了面向并发多任务的重叠联盟效用分配策略。首先基于能者多劳的思想采取按比例分配的方式对多个并发任务进行并行分派;然后根据任务分派情况划分重叠联盟的效用,同时推演了一个 Agent 同时加入多个联盟时满足效用非减原则的充分必要条件;最后通过实例验证了书中方法的有效性,并与多个任务串行的效用分配进行对比分析。

第 6 章 基于云模型和模糊软集合的 Agent 联盟综合评价

本章研究 Agent 联盟的评价方法,在评价过程中,每个联盟都具有自己的属性,用评价指标集表示。考虑评价指标的模糊性和不确定性,以及评价专家的不同偏好,允许各个专家具有不同的个人评价指标集。首先利用云模型实现专家评价信息定性到定量的转换,然后利用模糊软集合实现评价信息的融合,得到综合评价结果,并通过实验来验证该方法的可行性。

第 7 章 基于重叠联盟与 NSGA-Ⅱ的虚拟企业伙伴选择算法

本章将重叠联盟形成理论应用到虚拟企业伙伴选择中,针对现有虚拟企业伙伴选择的研究都是多个项目串行执行的,构建了多个项目并发的虚拟企业伙伴选择模型,设计了基于 NSGA-Ⅱ多目标优化的虚拟企业伙伴选择算法,并通过实验和单目标优化的方法进行对比分析。

第 8 章 基于重叠联盟的水电建设项目团队效益分配及评价

本章首先在重叠联盟基础上构建水电建设项目团队模型;然后在多劳多得的分配原则下,以相互协商的方式分派团队任务,将水电企业完成的任务与相应的单位效益相乘并求和得到其最终效益,对水电建设项目团队成员进行效益分配;最后运用 AHP 与云模型联合的评价方式,对水电建设项目团队进行评价,以它们的分值大小为依据将其排名,得出最后的评价结果。

本 章 小 结

本章为本书的绪论。首先介绍了本书的研究背景和国内外研究现状,针对 MAS 中非重叠联盟形成存在的缺陷,提出了重叠联盟形成的概念;然后介绍了联盟形成中的联盟结构生成、重叠联盟结构生成和效用分配;最后在此基础上引入本书的内容来源、目的和意义、主要研究内容。

第 2 章　基于智能优化算法的联盟结构生成

联盟结构生成是多 Agent 系统中非常活跃的研究领域,是联盟形成中的关键问题。为了提高系统完成任务的效率,Agent 间通过协商合作形成联盟共同完成任务。本章主要介绍了相关智能优化算法求解联盟结构生成,首先介绍了非重叠联盟结构生成的相关算法,然后介绍了重叠联盟结构生成的相关算法,并进行了性能分析。

2.1　引　　言

基于 MAS 的分布式智能控制正在蓬勃兴起[62-64],是控制科学发展中的又一次飞跃,Agent 间的协调合作是其中的关键问题之一。在 MAS 中,由于每个 Agent 的资源是有限的,Agent 间需要形成联盟共同完成系统中的任务。联盟形成是 MAS 中的一种基本形式,能够提高单个 Agent 的效益和有效地完成任务,因此,形成一个有效的联盟是 MAS 领域的热点课题。例如,联盟形成已经成功和广泛地应用在电力传输[65]、传感器网络[66]、多机器人协作[67]、资源调度与分配[68]和组合优化问题[69]等。联盟结构生成是联盟形成研究的一个分支,已有关于联盟结构生成的研究主要是非重叠联盟[70-71],而有关重叠联盟结构生成的研究不是很多,但也是当前一个重要的研究方向,第 3 章将对重叠联盟结构生成展开相关研究。

2.2 智能优化算法

智能优化算法是通过模仿自然和生物的日常活动现象而发展出的一类优化算法,其思想和内容涉及范围比较广泛。[72]智能优化算法作为一类求解最优化问题的高效优化算法,有并行性高和鲁棒性强的特点,全局寻优的成功率高,且对于求解问题的有关信息可以忽略,对于一些复杂问题的求解提供了一种新途径。智能优化算法在社会各个行业都已得到了广泛的应用。

智能优化算法一般分为两大类:一类是以群体为特性的群智能算法,如粒子群算法、蚁群算法、鱼群算法等;另一类是以生物学原理为基础的优化算法,如差分进化、免疫算法、文化算法、细菌趋药算法、细菌觅食算法等。[73]

智能优化算法的基本原理源于生物行为,为了得到一种最优化的结果,一般都是通过设计好的进化规则进行迭代和计算。在优化过程中,智能优化算法具有以下 4 个特征[74]:

(1) 算法大多引入随机因素,具有不确定性。在智能优化算法的计算过程中,编码和初始群体都是随机生成的。为了完成特定的任务,个体之间按照设计的规则自发地组织在一起。这种随机性可以保证种群的多样性,从而求得的解也具有普遍性。

(2) 自适应地搜索个体,鲁棒性强。智能优化算法都是通过生物进化执行的,而生物具有一定的自适应性,为了适应新的环境都能够改变自己的习性。智能优化算法为避免个体自身的缺陷和不足,个体间通过相互协调、合作的方式来满足群体的自适应性,这就使得智能优化算法鲁棒性强。

(3) 信息都是共享的。生物界中这种个体间、个体与本身环境的信息都是共享的,为人类研究和实现智能优化算法提供了传递信息的基础,保证信息随时更新。

(4) 适合大规模或难度较大的问题。有些智能优化算法对于小规模或较易求解的问题反而效果不好,而对于较大规模或有一定难度的问题求解的效果好,这正说明了智能优化算法的特点。

经典的智能优化算法有模仿蚂蚁觅食的蚁群算法、源于达尔文生物进化论的遗传算法、模仿鸟类飞行的粒子群优化算法及模仿个体间竞争合作关系的差分进化算法,下面主要介绍这 4 个经典算法。

2.2.1 蚁群算法

1991 年,Dorigo 等学者提出了蚁群算法(ant colony optimization,ACO)[75],它是通过模拟蚂蚁觅食行为而形成的一种进化算法。蚂蚁在搜索食物时,经过一段时间能够探索到一条从食物源到蚁巢的最短路径。这是因为蚂蚁之间传递信息是通过"信息素"(pheromone)进行的,蚂蚁在运动过程中,不但在沿途留下此物质,还可以感知它的存在和强度,会选择此物质强度高的路径进行移动,来引导它们移动的方向。当较多蚂蚁经过同一条路径时,留在该路径上的信息素浓度就越高,后来的蚂蚁选择经过这条路径的可能性就越大;相反,某条路径上经过的蚂蚁越少,信息素浓度就越低。蚂蚁之间通过交流这种信息来选择最优路径,从而能够快速地找到食物。这是一个正反馈机制,蚁群算法就是通过这种正反馈机制来搜索最优路径的。

ACO算法最早用于求解旅行商问题[76],假设有 n 个城市,m 只蚂蚁,d_{ij} 表示城市节点 i 到城市节点 j 的距离,$\tau_{ij}(t)$ 表示 t 时刻边 ij 上的信息素,初始时刻各条边上的信息素为 $\tau_{ij}(0)$,$p_{ij}^k(t)$ 为 t 时刻蚂蚁 k 由城市节点 i 移动到城市节点 j 的概率:

$$p_{ij}^k(t) = \begin{cases} \dfrac{[\tau_{ij}(t)]^\alpha [\eta_{ij}]^\beta}{\sum\limits_{s \in allowed_k} [\tau_{is}(t)]^\alpha [\eta_{is}]^\beta}, & j \in \{allowed_k\} \\ 0, & \text{其他} \end{cases} \tag{2.1}$$

其中,$allowed_k$ 表示蚂蚁 k 下一步选择城市的集合;$\eta_{ij} = \dfrac{1}{d_{ij}}$ 为路径启发信息;α 和 β 两个参数分别用来控制信息素和路径长度的相对重要程度。当算法迭代一次,所有蚂蚁都完成路径构建,通过式(2.2)、式(2.3)和式(2.4)更新路径上的信息素浓度:

$$\tau_{ij}(t+n) = (1-\rho)\tau_{ij}(t) + \Delta\tau_{ij} \tag{2.2}$$

$$\Delta\tau_{ij} = \sum_{k=1}^m \Delta\tau_{ij}^k \tag{2.3}$$

$$\Delta\tau_{ij}^k = \begin{cases} \dfrac{Q}{L_k}, & \text{蚂蚁 } k \text{ 经过边 } ij \\ 0, & \text{其他} \end{cases} \tag{2.4}$$

其中,$0 \leqslant \rho < 1$ 表示路径上信息素的挥发因子,$1 - \rho$ 为路径上信息素的残留程度,可以避免较好路径上信息素不断增加,而较差路径上信息素不断削弱,从而控制算法的收敛速度;$\Delta \tau_{ij}$ 表示某次迭代中路径 ij 上的信息素增量;$\Delta \tau_{ij}^k$ 表示蚂蚁 k 在路径 ij 上的信息素增量;Q 一般为常数,表示信息素强度;L_k 表示蚂蚁 k 在本次迭代时所构建的路径长度。

2.2.2　遗传算法

遗传算法(genetic algorithm,GA)是模拟自然界进化、自然选择法则的随机搜索算法。1975 年,美国 Michigan 大学的 John Holland 出版的 *Adaptation in Natural and Artificial* 是遗传算法开创性的研究成果。[77] 通过遗传算法求解问题的最优解一般经过以下步骤:首先初始化种群和求解问题的最大进化代数,并根据具体问题随机生成初始种群,同时根据适应度函数分别求出初始种群中每个个体的适应度值,根据适应度值来选择较优的个体作为初始种群的父代,同时把初始种群中较差的个体删除;然后通过交叉和变异操作生成新的种群作为新的父代。重复进行以上操作,直到达到最大进化代数,如果满足条件,从当前个体中选择适应度值较大的个体作为问题的最优解。遗传算法的基本原理一般包括编码与解码、适应度函数和遗传操作。[78]

1. 编码与解码

求解实际问题时,一般都采用简单的位串形式进行编码。这种使用位串形式对具体问题的结构加以编码的过程就称为编码;反过来,将位串形式还原为原来问题的需要求解的问题结构的过程就称为解码。这种位串一般称为染色体或个体。例如,在联盟结构生成时,假设系统中有 n 个 Agent,可以通过二值位串方式进行编码。如果 $n = 6$,C 为一个联盟,若编码为 100100,则表示 a_1 和 a_4 参与联盟 C,即 $C = \{a_1, a_4\}$。

2. 适应度函数

适应度函数是为了判断染色体适应能力的评价函数,在遗传算法中,一般是通过适应度函数选择优良个体进行迭代的,这也体现了优胜劣汰原则。在联盟结构生成时,适应度值一般就为联盟结构值。

3. 遗传操作

遗传操作主要有 3 种:选择(selection)、交叉(crossover)、变异(mutation)。选择操作是为了选取优良个体遗传到下一代。选择操作一般采取轮盘赌选择法,即染色体的选择概率与适应度值成正比,适应度值越大,被选择的机会就越大。交叉操作一般通过交叉概率随机地交换种群中的两个染色体某些基因位,产生新的基因组合,这样可以让优良的基因组合在一起。变异操作一般根据变异概率对种群中染色体编码的基因位进行改变,随着算法的执行,变异概率通常可以进行调整。

2.2.3　粒子群算法

粒子群优化(particle swarm optimization,PSO)算法,也称鸟群觅食算法,简称粒子群算法,是 1995 年由 J. Kennedy 和 R. C. Eberhart 等开发的一种新的进化算法(evolutionary algorithm,EA)。[79]PSO 算法的运行机理是对生物的群体行为进行模拟,而不是对个体规律进行研究,它最早的研究起源于鸟群觅食行为。PSO 算法是对生物群体中个体与个体、个体与群体间的行为进行模拟而提出的算法。PSO 算法具有较好的并行性和鲁棒性,能快速、准确地找到优化问题的最优解。由于 PSO 算法搜索过程几乎不需要外部信息,而是根据适应度函数值进行进化,具有简单、容易实现、收敛速度快的特点,已成功应用在各行各业,也是国内外专家学者关注的热点。

PSO 算法是一种典型的群智能优化算法,也是一种基于群体的优化算法,随机初始化一组种群,通过不断迭代找到最优种群,每个粒子在迭代过程中都有一个个体极值和全局极值,一般是根据适应度函数值选择较优的解。由于 PSO 算法具有实现容易、精度高、收敛快等优点,在学术界备受关注,并且其优越性更是体现在解决实际问题中。尤其是 PSO 算法具有较少的参数,其在时间性能上更优于其他智能算法。下面首先重点介绍连续粒子群优化[80],然后在此基础上将其扩展到离散粒子群优化[81]。

1. 连续粒子群优化

PSO 算法中每个粒子就是待优化问题解空间的一个解,即可以看成搜索空间中的一只鸟,它根据自己飞行的情况和同伴飞行的情况来调整自己的飞行。粒子在形成种群的空间中搜寻最优或次优解,所有粒子的适应度值通过定义的一个函数求出,每个粒子飞行的方向和距离可以通过速度函数确定,为了得到最优粒子,粒子们就在解空间中进行搜索。首先随机初始化一群粒子,然后通过不断迭代找到满足条件的最优解。在每次迭代中,粒子通过个体极值 pBest 和全局极值 gBest 来更新自己。其中,个体极值 pBest 指每个粒子在飞行过程中所经历过的最好位置,即粒子本身的最优解;全局极值 gBest 指整个群体所经历过的最好位置,即整个种群的最优解。

算法执行过程中,粒子通过式(2.5)和式(2.6)跟踪两个"极值"来更新自己的速度和新的位置。

$$V_{id}(t+1) = \omega \times V_{id}(t) + c_1 \times r_1 \times (P_{id} - x_{id}(t))$$
$$+ c_2 \times r_2 \times (P_{gd} - x_{id}(t)) \tag{2.5}$$

$$x_{id}(t+1) = x_{id}(t) + V_{id}(t+1) \tag{2.6}$$

其中,i 为第 i 个粒子;d 为粒子维数;t 为第 t 代;$V_{id}(t)$ 表示在第 t 次迭代时粒子 i 的速度;$x_{id}(t)$ 为粒子 i 在第 t 次迭代时的位置;P_{id} 称为个体极值,即粒子 i 本身找到的最优解;P_{gd} 称为全局极值,即整个种群找到的最优解;c_1,c_2 为加速系数,又称学习因子,表示粒子的学习能力,c_1,c_2 的主要作用是保证粒子向群体中其他粒子学习的功能,使粒子保持较强的寻优能力,进而逐步向最优位置靠近,通常取值为 2.0;r_1,r_2 为均匀分布在[0,1]之间的随机数;ω 为惯性权重,是避免算法过早收敛和局部寻优的能力,通常由 $\omega = \omega_{\max} - \dfrac{\omega_{\max} - \omega_{\min}}{t_{\max}} \times t$ 确定($\omega_{\max} = 0.9, \omega_{\min} = 0.4, t_{\max}$ 为最大迭代次数)。[82]

由于连续 PSO 算法主要适用于求解连续空间的优化问题,可以将其改进并应用于求解离散空间的优化问题。

2. 离散粒子群优化

1997 年,Kennedy 和 Eberhart 提出了粒子群优化算法的二进制版本,也称离散粒子群算法(discrete particle swarm optimization,DPSO)[83],为了求解粒子的速度,引入了 sigmoid 函数,这样可以实现实数和二进制值之间的转换,从而可以保证粒子位置的改变。在 DPSO 中,从概率角度定义粒子运动的轨迹和速度,每个粒子的每一位 $x_{id}(t)$ 的取值为 0 或 1,$V_{id}(t)$ 为取 1 的概率。其基本公式如下:

$$V_{id}(t+1) = V_{id}(t) + c_1 \times r_1 \times (P_{id} - x_{id}(t)) + c_2 \times r_2 \times (P_{gd} - x_{id}(t)) \tag{2.7}$$

$$x_{id}(t+1) = \begin{cases} 1, & \lambda_{id}(t+1) < \text{sigmoid}(V_{id}(t+1)) \\ 0, & \text{其他} \end{cases} \tag{2.8}$$

其中,$\lambda_{id}(t+1)$ 为[0,1]之间均匀分布的随机数;$\text{sigmoid}(V_{id}(t+1))$ 为神经元的非线性作用函数:

$$\text{sigmoid}(V) = 1/(1 + \exp(-V)) \tag{2.9}$$

该函数是一个单调递增函数,表示一个二进制取 0 和 1 的概率。其他部分与标准 PSO 算法相同。同理,粒子 i 的飞行速度也被限制在最大速度 V_{max},即满足要求 $|V_{id}(t)| \leqslant V_{max}$,以保证 sigmoid($V_{id}(t)$) 不会太靠近 0 或 1,从而增大 $x_{id}(t)$ 改变比特位置的概率,不易陷入局部最优。Kennedy 和 Eberhart 给出了 V_{max} 的参考值 6.0,DPSO 有着参数少、操作简单等优点,因此它能够在工程和科研中有效、成功地应用在大多数组合的优化问题上。

2.2.4　差分进化算法

差分进化(differential evolution,DE)算法是近几年来新兴的一种进化计算算法,最初是在 1995 年由 Storn 等提出的。[84]差分进化同其他演化算法一样,都是通过模拟生化进化的思想,通过不断地筛选,反复迭代,采取优胜劣汰的原则,保存能够适应环境的个体。不同于其他进化算法的是,DE 算法保留了基于种群的全局搜索策略。此外,具有特有记忆能力的 DE 算法可以通过动态跟踪当前的搜索情况,随时调整它的搜索策略,已经应用在数据挖掘、模式识别、数字滤波器设计、人工神经网络、化工、电力、机械设计、机器人、信号处理、生物信息等各个领域。1996 年在日本名古屋举行的第一届国际演化计算(ICEO)竞赛中,差分进化算法被证明是速度最快的进化算法。[85]差分进化是一种基于群体差异的演化算法,是一种基于实数编码的演化算法,一般有 3 种基本操作:变异、交叉和选择。[84-85]变异操作和交叉操作都是为了在进化过程中产生新的试用个体,选择操作则是通过在当前演化个体和试用个体间比较两者的适应度值然后选择产生下一代种群。由于 DE 算法演化算子简单,控制参数少,相对于其他算法比较容易实现,在首届 IEEE 演化计算大赛中有着不凡的表现,随后广泛地应用于各领域并得到了一致认可。[86-90]下面就介绍差分进化算法的操作过程。

1. 变异

差分进化的变异操作是通过个体向量差进行的,假设 $x_u(t)$ 为当前演化个体,u 为当前个体在种群中的序号,t 为进化代数,$x_{s_1}(t)$,$x_{s_2}(t)$ 和 $x_{s_3}(t)$ ($s_1 \neq s_2 \neq s_3 \neq u$) 是从当前种群中随机选取的 3 个个体,则变异操作定义如下:

$$h_u(t+1) = x_{s_1}(t) + \lambda(x_{s_2}(t) - x_{s_3}(t)) \tag{2.10}$$

其中,$\lambda \in [0,2]$,为缩放因子,控制差异向量的缩放程度。

2. 交叉

当前演化个体 $x_u(t)$ 和变异后的个体 $h_u(t+1)$ 通过交叉操作生成试用个

体 $g_u(t+1)$，则 $g_u(t+1)$ 第 v 个分量表示为

$$g_{uv}(t+1)=\begin{cases}h_{uv}(t+1), & \mathrm{randf}_{uv}(0,1)\leqslant CR \text{ 或 } v=\mathrm{randi}(1,D) \\ x_{uv}(t), & \mathrm{randf}_{uv}(0,1)>CR \text{ 或 } v\neq \mathrm{randi}(1,D)\end{cases}$$

(2.11)

其中，$\mathrm{randf}_{uv}(0,1)$ 为 $(0,1)$ 间均匀分布的随机数；$\mathrm{randi}(1,D)$ 为 $\{1,2,\cdots,D\}$ 中随机选取的整数；$CR\in[0,1]$，为交叉概率。

3. 选择

通过比较试用个体 $g_u(t+1)$ 与当前演化个体 $x_u(t)$ 的适应度值，选择生成下一代成员。如果 $g_u(t+1)$ 的适应度值比 $x_u(t)$ 的小，则 $g_u(t+1)$ 将替代 $x_u(t)$ 成为下一代种群中的新个体 $x_u(t+1)$；反之，$x_u(t)$ 将保留到下一代，即

$$x_u(t+1)=\begin{cases}g_u(t+1), & f(g_u(t+1))\leqslant f(x_u(t)) \\ x_u(t), & f(g_u(t+1))>f(x_u(t))\end{cases}$$

(2.12)

通过上述的变异、交叉和选择 3 个操作对初始化种群中的每个个体进行循环操作，得到下一代种群，如此演化若干代，得到问题的最优解。差分进化算法中的缩放因子 λ 和交叉概率 CR 用实验的方法确定其最优组合。

2.3　非重叠联盟结构生成算法

2.3.1　基于蚁群算法的联盟结构生成

1. 夏娜的算法

夏娜等提出了一种基于蚁群算法的多任务串行联盟结构生成算法，根据任务的紧迫度，依次串行执行每个任务，具体如下[91]：

定义 2.1　在每次循环中，用 $\Delta\tau_{ij}^k$ 表示第 k 只蚂蚁对 Agent i,j 间的熟悉度的增量，$V(C_k)$ 表示蚂蚁 k 形成的联盟值。

$$\Delta\tau_{ij}^k=\begin{cases}\dfrac{V(C_k)}{\sum\limits_{k=1}^m V(C_k)}, & \text{蚂蚁 } k \text{ 形成的联盟中包含 Agent } i,j \\ 0, & \text{其他}\end{cases}$$

(2.13)

定义 2.2 用 p_{ij}^k 表示 t 时刻第 k 只蚂蚁选择某个 Agent j 加入联盟的概率。为了能得到更准确的最优解，在式(2.1) p_{ij}^k 中引入"内激素 $R = 0.9^g$"，在进化过程中通过内激素使局部极小的解跳出，定义如下：

$$p_{ij}^k = \begin{cases} \dfrac{\left[\tau_{(1,2,\cdots,i)j}(t)\right]^{\alpha R} (1/d_{(1,2,\cdots,i)j})^{\beta}}{\sum\limits_{u \in J_k} \left[\tau_{(1,2,\cdots,i)u}(t)\right]^{\alpha R} (1/d_{(1,2,\cdots,i)u})^{\beta}}, & j \in J_k \\ 0, & \text{其他} \end{cases} \quad (2.14)$$

其中，d_{ij} 表示 Agent i,j 之间的通信开销，α,β 分别用来控制熟悉度和通信开销的相对重要程度，则算法步骤为：

(1) 设 $t = 0$ 时，每条边上的熟悉度 $t_{ij}(0) = \tau_0$。

(2) 首先根据任务的紧迫度对 T 中的任务进行排序，得到 $t'_1, t'_2, t'_3, \cdots$，则 $t = t'_1$ 就是最紧急的任务，首先被执行；如果所有任务执行完毕，算法结束。

(3) 如果 $B_{\text{all\_Agents}} < B_t$，即表示所有 Agent 拥有的资源小于任务需求的资源，转到(7)，否则进行初始化：置 $N_C = 0, \Delta\tau_{ij} = 0, g = 0, J_k = 1, 2, \cdots, n$。这里，$N_C$ 为循环次数，$\Delta\tau_{ij}$ 为边 ij 上熟悉度的增量，g 为迭代次数，J_k 为 Agent 个数。

(4) 随机选择 m 只蚂蚁放到 n 个 Agent 上，对于 $k = 1, 2, \cdots, m$，从 J_k 中把第 k 只蚂蚁对应的初始 Agent 删除，计算初始联盟能力 B_{C_k}。如果 $B_{C_k} < B_t$，则根据式(2.14)，p_{ij}^k 选择其他 Agent 参与联盟，同时将第 k 只蚂蚁移到第 j 个 Agent 上，并从 J_k 中删除 Agent j，计算现在的联盟能力 B_{C_k}。然后根据 $V(C_k) = P(t_j) - F(C_k) - C(C_k)$ 计算联盟值，更新最大联盟值及对应的联盟。

(5) 如果最大联盟值在不断更新，迭代次数不变；如果最大联盟值在 N 次循环内没有明显改进，且没有达到最大迭代次数，迭代次数加 1，否则，迭代结束。对于 $k = 1, 2, \cdots, m$，根据式(2.2)、式(2.3)和式(2.13)更新熟悉度 $\tau_{ij}(t+1)$。

(6) 置 $t = t + 1, N_C = N_C + 1, \Delta\tau_{ij} = 0$。如果没有达到最大循环次数，还在继续进化，则对于 $J_k = 1, 2, \cdots, n$ 转到(4)，否则输出最大联盟值及对应的联盟。

(7) 从 T 中删除任务 t，转到(2)，直到所有任务执行完毕。

从以上步骤可以看出，此算法是根据任务的紧迫度依次串行执行的，同一时刻，每个 Agent 只参与一个联盟完成一个任务，这样不会出现联盟死锁和资源冲突。而且在基本蚁群算法基础上提出改进，在选择某个 Agent 加入联盟的概率 p_{ij}^k 中增加"内激素"，这样可以得到更加准确的最优解。但此算法不能实现多任务并行的情况,而且每个 Agent 同一时刻只能参与一个联盟,大大浪费了 Agent 资源的利用率,也就降低了整个系统的效益。

2. 郝志峰的算法

在文献[91]的基础上,郝志峰等提出了多任务并行的 Agent 联盟结构生成算法。[92]基于多种群蚁群算法的 Agent 联盟结构生成,每个任务对应一个种群,并通过改进的信息素更新策略进行不断进化,求解并行多任务环境下的 Agent 联盟生成问题。具体如下:

首先设和任务数相同的子种群数,假设有 m 个子种群,每个子种群有 k 只蚂蚁,整个种群可以表示为

$$\{\{ant_1, ant_2, \cdots, ant_k\}, \{ant_{k+1}, ant_{k+2}, \cdots, ant_{2k}\}, \cdots,$$

$$\{ant_{(m-1)k+1}, ant_{(m-1)k+2}, \cdots, ant_{mk}\}\}$$

其中,$\{ant_1, ant_2, \cdots, ant_k\}$ 为第一个子种群,每个子种群里的蚂蚁执行同一个任务,$\{ant_l, ant_{l+k}, \cdots, ant_{l+(m-1)k}\}$ 就为一个联盟结构,即构成并行多任务的一个可行解。

定义 2.3　d_{ij} 表示 Agent i,j 之间的通信开销,η_{ij} 为对应的启发式信息,$\eta_{ij} = \dfrac{1}{d_{ij}}$,$t_{ij}$ 为边 ij 上的信息素浓度(或熟悉度),初始时,设 $t_{ij} = t_0$,t_0 为信息素的初值,P_{ij} 表示蚂蚁从位置 i 移到位置 j 的概率,则

$$P_{ij} = \begin{cases} \dfrac{t_{ij}\eta_{ij}{}^{\beta}}{\sum\limits_{k \in S(ant_l)} t_{ik}\eta_{ik}{}^{\beta}}, & s \in S(ant_l) \\ 0, & \text{其他} \end{cases} \tag{2.15}$$

其中,β 为控制信息素和启发式信息的相对重要程度,$S(ant_l)$ 为蚂蚁 $\{ant_l, ant_{l+k}, \cdots, ant_{l+(m-1)k}\}$ 暂时还没有访问过的 Agent 集合,这是表示同一时刻一个 Agent 只能加入一个联盟。

定义 2.4　更新信息素:

$$t_{ij} = \rho t_{ij} + (1 - \rho)\Delta t \tag{2.16}$$

其中,ρ 为信息素挥发度(或熟悉度遗忘系数);Δt 为信息素的增量。由于文献[92]是并发多任务,则

$$\Delta t = \frac{V(C(ant_l))}{V_{\max}(ant_l)} + \frac{V(C_s)}{V_{\max}(C_s)} \tag{2.17}$$

其中,$V(C(ant_l))$ 为蚂蚁 ant_l 此次形成联盟的联盟值;$V_{\max}(ant_l)$ 为蚂蚁 ant_l 形成联盟的最大联盟值;$V(C_s)$ 为蚂蚁建立联盟结构的总收益;$V_{\max}(C_s)$ 为所有

联盟结构的最大总收益。

算法执行过程如下：

(1) 初始化。$t_{ij}=0$，表示所有边上信息素量为 0，同时计算 η_{ij}。

(2) 在每个 Agent 上随机放置蚂蚁，同时初始化赋予每个蚂蚁的能力向量。

(3) 每个蚂蚁首先根据式(2.15)移到下一个 Agent，并计算当前联盟的能力，直到该蚂蚁所在的联盟能够完成对应的任务。

(4) 根据 $V(C_k)=P(t_j)-F(C_k)-C(C_k)$ 计算每个联盟的联盟值，同时根据式(2.16)和式(2.17)更新信息素。

(5) 检查是否满足终止条件，若满足就结束，若未满足转到(2)。

通过上述描述可知，文献[92]是多个任务并发进行的，需要寻找多个联盟使得系统整体收益达到最大，而文献[91]是多个任务串行执行的，只需要依次为每个任务找到收益最大的联盟。文献[92]里也要求每个 Agent 同时只能加入一个联盟，即使 Agent 有足够的资源，这样同样不能提高 Agent 的资源利用率和整个系统的效益，所以只能适合资源紧缺的情况，而且此算法是随机搜索的，从而得到的解具有一定的随机性，不一定是最优解。

2.3.2　基于遗传算法的联盟结构生成

Yang 和 Luo 提出了基于遗传算法的联盟结构生成问题，对联盟结构生成问题采用了二维二进制编码。[93]行表示待求解的任务，列表示系统中的 Agent。当某一行某一列的交叉处对应的值为"1"，就表示该列 Agent 参与此行任务的求解联盟；当某一行某一列的交叉处对应的值为"0"，就表示该列 Agent 未参与此行任务的求解联盟。由于文献[93]的联盟结构生成算法要求同一时刻一个 Agent 只能加入一个任务对应的求解联盟，此时编码中的每一列只能出现一个"1"，而其余都为"0"。

初始化编码及编码修正：首先随机产生染色体编码，编码的每一列有且只有一个"1"。然后判断这个编码是否有效，如果编码中每行所有的 Agent 形成的联盟无法完成此行对应的任务，则此行是无效编码，需要从其他行中选取能力冗余的 Agent 加入此联盟，直到此行对应的联盟能够完成此行任务，其他行以此类推，直到所有行都是有效的。

交叉操作：对双亲染色体编码矩阵按位进行或运算，得到子代染色体编码，此时需要对此编码进行判断是否合法。如果某一列有两个"1",表示此列对应的 Agent 加入了两个不同的联盟,需要把其中一个"1"变为"0"。假设第 j 列有两个"1",即第 j 个 Agent 同时是两个联盟 C_i 和 C_h 的成员,则判断联盟 C_i 没有 Agent j 参与时是否能够完成任务,如果满足则从联盟 C_i 中移出 Agent j,否则从联盟 C_h 中移出 Agent j,即把对应的"1"变为"0"。

变异操作:为了增加种群的多样性,避免陷入局部最优,采用变异操作。找到编码中任意两个有效行,保证变异后的两个联盟仍然能够完成各自的任务,交换两个联盟中某个 Agent,即变异后这两行还是有效的。

算法具体描述如下:

(1) 根据二维二进制编码方式随机产生初始化种群并根据上述编码修正方法进行编码修正,然后将初始种群分成几个子群体。

(2) 计算每个子群体中每个个体的适应度值,适应度值就是系统效益,即各个联盟值的总和。

(3) 若满足终止条件,则算法结束;否则,转到(4)。

(4) 根据上述交叉和变异操作对每个子群体中的个体执行此操作。

(5) 每经过一定的时间间隔,子群体间交换优良个体。

(6) 转到(2)。

从上述描述可以看出,将初始种群分成几个子群体,在子群体间进行操作,可以提高局部搜索性能,避免种群中个体未成熟收敛的发生。但此算法存在一些缺陷:在编码初始化进行编码修正时,当某一行无效时,从有效行中选取某个 Agent 加入此无效行对应的联盟,这样有可能导致刚才的有效行变为无效行,而且有可能这个无效行加入了某个 Agent 还是无效的,从而无法完成任务。在交叉操作时,在出现某一列有两个"1"时,就把其中一个 1 变为"0",有可能得到的子代编码和父代一样,这样交叉操作就没有意义了。在变异操作时,交换任意两列中某个"1",有可能得到子代编码不合法,即每行形成的联盟无法完成对应的任务,还有可能得到和父代一样的子代编码,这样也没有意义。

2.3.3　基于粒子群算法的联盟结构生成

吴琼等对基本粒子群算法进行改进,引入自适应惯性权重 ω_{adp},提出自适应粒子群算法求解联盟结构生成问题,通过 ω_{adp} 在出现局部极小时使解跳出局部极小,这样可以保证继续进化而得到最优解。[94]

定义 2.5

$$\omega_{\text{adp}} = \begin{cases} \omega, & \text{最优解仍在进化} \\ \omega_{\text{adp}} + 1, & \text{最优解在 } n \text{ 次循环内没有明显改进,且 } \omega_{\text{adp}} + 1 \leqslant \omega_{\max} \end{cases}$$

具体算法描述如下:

(1) 假设粒子个数为 n,迭代次数为 N_C,随机生成 n 个 m 维的初始解 $H_m^n = \{H_m^0, H_m^1, \cdots, H_m^{n-1}\}$。

(2) 由粒子当前位置求出每个粒子的适应度值 V_i(适应度值就是粒子对应联盟的联盟值),个体极值 V_{i_pbest} 就是当前适应度值,个体极值位置 $H_m^{i\_\text{pbest}}$ 就是当前位置,全局极值 V_{gpbest} 就是其中的最大值,对应的位置为 H_m^{gpbest}。

(3) 对于某个粒子 i,从 $H_m^{i\_\text{pbest}}$ 和 H_m^{gpbest} 中选取 c_1 和 c_2 个位置赋值给 H_m^i,且要求这些位置不能重合;再随机从 H_m^i 中选择 ω_{adp} 个位置并随机赋值给 0 或 1。

(4) 计算 H_m^i 的适应度值 V_i,如果 $V_i > V_{\text{pbest}}$,则 $H_m^{i\_\text{pbest}} = H_m^i$,$V_{i\_\text{pbest}} = V_i$。如果没有达到最大迭代次数,转到(2),否则执行以下步骤。

(5) 根据个体极值 V_{i_pbest} 找到全局极值 V_{gpbest} 及对应的位置 H_m^{gpbest}。如果执行 n 次循环 V_{gpbest} 都没有改进,且满足 $\omega_{\text{adp}} + 1 \leqslant \omega_{\max}$ 时,执行 $\omega_{\text{adp}} = \omega_{\text{adp}} + 1$,当不满足 $\omega_{\text{adp}} + 1 \leqslant \omega_{\max}$ 时,执行 $\omega_{\text{adp}} = \omega_{\max}$;反之,如果执行 n 次循环最优解还在进化,则 $\omega_{\text{adp}} = \omega$。

(6) 输出全局极值 V_{gpbest} 及对应的位置 H_m^{gpbest}。

从以上步骤可知,文献[94]提出自适应粒子群算法求解联盟结构生成,对惯性权重 ω 进行自适应的调整,使最优解更容易跳出局部极小,具有较强的鲁棒性。但此算法仅实现了单个任务,这样不会出现资源冲突和联盟死锁,没有实现多任务并行的情况。

2.3.4 基于差分进化算法的联盟结构生成

武志峰等提出了基于差分进化的联盟结构生成。[95]由于标准差分进化算法中变异操作的结果为实数,而本书中联盟生成采用二进制编码方式,需要对变异操作进行适当的调整,故引入 S 形函数 $\text{Sig}(x)$,定义如下:

$$\text{Sig}(x) = 1/(1 + \exp(-x)) \tag{2.18}$$

其中,x 是通过标准差分进化算法中变异操作运行的结果。则变异操作调整为

$$h'_u(t+1) = \begin{cases} 1, & r \geqslant \text{Sig}(\text{dist}(x_{s_1}, x_{s_2}) \times \lambda + x_{s_3}) \\ 0, & \text{其他} \end{cases} \tag{2.19}$$

式中,t 为迭代次数;$r \in [0,1]$,为均匀分布的随机数;λ 为缩放因子;$\text{dist}(x_{s_1}, x_{s_2})$ 为两个染色体的海明距离。

算法执行步骤如下:

(1) $t = 0$ 时,初始化,随机产生第一代种群,并计算每个个体的适应度值,适应度值就为联盟值。

(2) 对产生的初始种群进行变异、交叉操作,同时对变异的结果根据式(2.18)和式(2.19)进行转换。

(3) 对变异、交叉后的种群重新计算适应度值,根据适应度值选择生成下一代种群。

(4) $t = t + 1$,直到达到最大进化代数,输出结果。

此算法简单,容易实现,但此算法只能实现单个任务,没有实现多个任务并发的情况,即每个 Agent 只参与一个任务的求解联盟,这样对于资源丰富的 Agent 得不到充分利用,降低了每个 Agent 的资源利用率,从而降低了整个系统效益。

2.4　重叠联盟结构生成算法

2.4.1　无编码修正的联盟结构生成

1. 许金友的算法

许金友等提出了基于离散粒子群求解联盟结构生成,对基本粒子群中惯性权重 ω 进行动态调整,具体是通过计算粒子和当前全局粒子间的相似度进行调整的。[96] 他们根据 Agent 的能力类别把 Agent 分成几个子 Agent,每个子 Agent 参与不同任务的求解联盟,这样每个 Agent 就可以同时参与多个联盟。具体描述如下:

定义 2.6　粒子 i 与当前全局粒子 g 的相似度用 $s(i,g)$ 表示,则惯性权重 ω 通过式(2.20)和式(2.21)进行调整:

$$\omega' = \omega_{\max} - s(i,g)(\omega_{\max} - \omega_{\min}) \tag{2.20}$$

$$\omega = \omega_{\min} + (\omega' - \omega_{\min}) \times (t_{\max} - t)/t_{\max} \tag{2.21}$$

定义 2.7　种群中第 t 代粒子的聚集度为

$$C(t) = 1/N \sum_{i=1}^{N} s(i,g) \tag{2.22}$$

其中，t 为迭代次数，N 表示种群中粒子的个数，可以看出，$C(t) \in [0,1]$。为了使粒子具有多样性，当 $C(t)$ 达到一定程度时，设计概率 $p_i(t)$，粒子 i 根据 $p_i(t)$ 重新随机赋值。

$$p_i(t) = (1 - t/t_{\max})^\alpha C(t)^\beta s(i,g)^\chi, \quad \alpha, \beta, \chi > 0 \tag{2.23}$$

如果 $\text{rand}(0,1) < p_i(t)$，则对粒子 i 重新初始化。

算法执行步骤如下：

(1) 设任务 $M = \{T_1, T_2, \cdots, T_m\}$，首先根据任务的重要程度 $w_k (k = 1, 2, \cdots, m)$ 进行排序，即 $T_1', T_2', \cdots$，则 $T = T_1'$ 为当前最重要的任务，最先执行。若 $M = \varnothing$，则整个程序结束。

(2) 若 $B_{\text{all\_Agents}} < D_T$，表示所有 Agent 资源之和无法完成任务 T，则转到 (6)；反之，则根据基本离散粒子群初始化种群，满足所有 Agent 资源之和大于或等于所有任务的需求，同时随机产生各粒子的速度；根据联盟值计算每个粒子的适应度，并将当前位置设为粒子的个体极值，种群中最佳粒子位置设为全局极值。

(3) 根据式 (2.20) 和式 (2.21) 计算每个粒子的惯性权重，粒子的速度和位置是根据基本离散粒子群更新的，从而产生新一代种群。计算粒子的适应度，更新种群中粒子的个体极值和全局极值。

(4) 为了使种群中粒子具有多样性，根据式 (2.22) 和式 (2.23)，对粒子重新进行初始化。

(5) 若达到最大迭代次数，输出任务 T 的最优联盟，否则转到 (3)。

(6) 从 M 中删除 T，并计算更新联盟中 Agent 的能力，转到 (1)。

此算法把一个 Agent 分成几个子 Agent，可以提高 Agent 资源的利用率，但同一个 Agent 的任意两个子 Agent 是不相交的，即同一个 Agent 同一维资源不能同时被两个以上的联盟使用，这样就不会出现资源冲突，也就不需要编码修正。引入相似度可以有利于最优解的搜索，当相似度 $s(i,g) = 0$ 时，惯性权重就等于基本粒子群，这样既具有基本粒子群搜索的优点，又对种群中惯性权重进行自适应调整；引入聚集度可以增加种群的多样性。但此算法只能依次串行执行任务,不能实现多任务并行的情况,而且把一个 Agent 分成几个子 Agent,这样每个子 Agent 的能力会变小,从而就需要更多的 Agent 加入联盟,即联盟成员会增加,就增加了联盟的通信开销而降低了联盟值。

2. 蒋建国的算法

蒋建国等提出了"虚拟 Agent"的概念,当一个联盟完成一个任务后,联盟中的 Agent 有剩余资源,就把这些剩余资源转移到一个虚拟 Agent 中,然后通过这个虚拟 Agent 参与其他任务的求解,并且引入"自适应扰动机制",使解能够尽快跳出局部最优,而继续向全局最优解进化。[97]

定义 2.8　在基本粒子群惯性权重中引入"自适应扰动机制",g 为扰动强度,每进行一次迭代后,根据式(2.25)对 g 进行调整。

$$\omega = \omega_{max} - \frac{\omega_{max} - \omega_{min}}{t_{max}} \times t \times \left(1 - \frac{g}{2g_{max}}\right)^g \tag{2.24}$$

$$g = \begin{cases} 0, & \text{最优解还在继续进化} \\ g + 1, & \text{最优解在 } n \text{ 次循环后都没有进化,且 } g + 1 \leqslant g_{max} \\ g_{max}, & \text{其他} \end{cases} \tag{2.25}$$

算法执行步骤如下:

(1) 如果 $T \neq \varnothing$,首先根据任务的重要程度对 T 进行排序,得到 $t_1', t_2', t_3', \cdots$,则 $t^* = t_1'$ 为目前最重要的任务,首先被执行;如果 $T = \varnothing$,则整个程序结束。

(2) 初始化:$t = 0, g = 0$;根据自然数顺序把 MAS 中没有参与任务执行的 Agent 进行编号,把种群分成 S 个子种群,采用一维 n 位二进制编码初始化所有粒子的位置,1 表示对应的 Agent 参与联盟,0 表示未参与,并随机生成各粒子的速度;计算所有初始子群粒子的适应度,当前位置就为每个初始子群粒子的个体极值,所有初始子群最佳粒子的位置为全局极值。

(3) 根据基本离散粒子群更新每个子群中粒子的速度和位置,从而产生新的子种群。计算每个新子群中所有粒子的适应度,同时更新每个新子群所有粒子的个体极值和全局极值,并搜索全局最优粒子,以最优粒子代替每个新子群的最差粒子,每个新子群的全局极值保持不变。

(4) 根据式(2.25)对 g 进行调整。

(5) 若 $t < t_{max}$ 且最优解还在进化,则 $t = t + 1$,转到(3);若 $t = t_{max}$,则输出初始最优联盟 C 及其联盟值。

(6) 若 C 的资源向量大于任务 t^* 的资源需求,则将联盟 C 的剩余资源赋给虚拟 Agent A^*，同时计算 C 的联盟值和 A^* 与其他各 Agent 的通信开销，并将 A^* 加到 MAS 中。

（7）从 T 中删除 t^*，从 MAS 中删除参加联盟 C 的 Agent，转到（1）。

算法中把整个种群分成几个子种群，在子种群中同时进行搜索，采取信息正反馈的方法进行搜索进化，既可以提高局部搜索性能，又可以提高粒子群的全局搜索能力，避免过早收敛。在惯性权重中引入"自适应扰动机制"，可以使解尽快跳出局部最优，从而继续进化。而且引入"虚拟 Agent"可以在一定程度上避免 Agent 资源和能力的浪费，提高 Agent 资源的利用率。但它只实现了多任务串行执行的情形，这样每个 Agent 同时只能参与一个任务对应的联盟，也就不会出现资源冲突，无需进行编码修正，而且当剩余资源转移给"虚拟 Agent"，这些"虚拟 Agent"的能力向量值肯定小于原先 Agent 的能力向量值，这样参与后面任务求解时需要的 Agent 成员数会增加，即联盟规模会增大，从而通信成本会增大而降低联盟值。

2.4.2　有编码修正的联盟结构生成

1. 二维二进制编码

文献[26]～[28]中都是采用二维二进制编码表示粒子的位置矢量进行求解联盟结构生成的。所谓的二维二进制编码就是一个 $m \times n$ 的 0-1 矩阵。编码的每一行表示对应着一个待求解的任务，而每一列表示对应着一个 Agent。设 γ_{ij} 表示位于第 i 行和第 j 列的元素，若 $\gamma_{ij}=1$，表示 a_j 参与任务 t_i 对应求解联盟 C_i 中；若 $\gamma_{ij}=0$，则表示 a_j 没有参与任务 t_i 对应求解联盟 C_i 中，因此，编码中每一行所有为 1 的 Agent 就构成了该行任务对应的求解联盟，如图 2.1 所示。

$$
\begin{array}{ccccc}
 & a_1 & \cdots & a_j & \cdots & a_n \\
t_1 & 1 & \cdots & 1 & \cdots & 0 \to C_1 \\
\vdots & \vdots & & \vdots & & \vdots \\
t_i & 1 & \cdots & 0 & \cdots & 1 \to C_i \\
\vdots & \vdots & & \vdots & & \vdots \\
t_m & 0 & \cdots & 1 & \cdots & 1 \to C_m
\end{array}
$$

图 2.1　二维二进制编码

由重叠联盟的定义，每个 Agent 同时可以加入几个不同任务对应的联盟，

这样上述编码中每一列可能存在多个"1",而且是多任务并发执行的。为了确保这种编码是合法的,就需要考虑下面两种情况:

(1) 对于编码中的每一行,对应着每个任务求解联盟 C_i,联盟 C_i 所拥有的资源不能完成任务 t_i 的需求,这时 C_i 就是一个无效联盟。

(2) 编码中每一列,每个 Agent 在同一时刻可以加入几个联盟,但由于每个 Agent 资源有限,不能满足多个联盟的竞争,就会产生资源冲突。

只要编码中出现上述情况中任何一种就会是个非法的编码,为此,文献 [26]~[29] 都提出了一种编码修正算法,可以将一个非法的编码修正为合法的编码。

2. Lin 和 Hu 的算法

Lin 和 Hu 采用二维二进制编码表示联盟结构生成,并提出一种编码修正算法,具体描述如下[26]:

(1) 若 $B_{C_i} < D_1$,则丢弃该粒子,算法结束;否则执行 $B_1 \leftarrow B_1 + (\sum\limits_{a_j \in C_1 \wedge j \neq 1} B_j - D_1)$。

(2) 对于每个 $2 \leqslant i \leqslant m$,置 $\gamma_{ij} \leftarrow 0$。对于每个 $i, j, 2 \leqslant i \leqslant m, 2 \leqslant j \leqslant n$,如果每个 $i^*, 1 \leqslant i^* \leqslant i-1, \gamma_{i^*j} = 0$,那么置 $\gamma_{ij} \leftarrow 1$;否则置 $\gamma_{ij} \leftarrow 0$。

(3) 对于每个 $i(i$ 的初值是 2$)$,如果 $\gamma_{i1} = 1$,转到(5)。

(4) 如果 $B_{C_i} \geqslant D_i$,那么 $\gamma_{i1} \leftarrow 1, B_1 \leftarrow B_1 + (B_{C_i} - D_i)$,转到(5)。否则对于 $2 \leqslant i \leqslant m$,检查所有无效联盟,将 a_1 加入这些无效联盟,如果这些联盟仍然无效,就丢弃这些编码,算法结束;反之,则选取第 i^* 行,把 a_1 加入此联盟后,$\gamma_{i^*1} \leftarrow 1, B_1 \leftarrow B_1 + (B_{C_{i^*}} - D_{i^*})$。

(5) 置 $i \leftarrow i+1$,如果 $i \leqslant m$,转到(3);否则算法结束。

算法的核心思想是转移有效联盟的剩余资源给 a_1,让 a_1 去参加其他无效联盟的执行。该算法虽然能够将无效编码修正为合法编码,但丢弃了很多编码,这些编码有可能是有效的,这主要是由于该算法仅从 Agent 和联盟的角度考虑问题,没有充分考虑二维二进制编码的特点。在判断某行无效时就丢弃此编码是有点盲目的。因为其他未检查的行中可能有满足该行任务所需要的资源。在步骤(2)中限制了 Agent 加入联盟的自由,从而降低了任务完成的效率和整个系统的效益。在步骤(4)中,如果 $B_{C_i} \geqslant D_i$,置 $\gamma_{i1} \leftarrow 1$ 是多余的,而且将 a_1 加入联盟 C_i 会增加 C_i 的成本而降低联盟值。另外,让 a_1 去参加其他任务的执行,具体哪些成员参加了联盟不清楚,导致后面联盟生成后联盟的效用无法分配。

3. Zhang 的算法

Zhang 等分析了现有联盟生成算法存在的缺陷,同样也是采用二维二进制编码结构,充分考虑上述编码无效时的两个方面和二进制编码本身的特点,提出了一种改进的编码修正策略,具体如下[27]:

首先定义函数 check(j),初值等于 0。若 check$(j)=1$,表示第 j 列已检查,反之,没有检查。定义 B_j 为未检查列的贡献值,W_{ij} 为已经检查列的贡献值,并定义联盟 C_i 中成员 a_j 对于任务 t_i 至少要承担的任务量为 $L_{ij} = \{l_1^{ij}, \cdots, l_r^{ij}\}$,即

$$l_k^{ij} \leftarrow d_k^i - \sum_{a_{j^*} \in C_i \wedge j^* \neq j} [(1 - \text{check}(j*)) \times b_k^{j^*} + \text{check}(j^*) \times w_k^{ij^*}] \quad (2.26)$$

$$l_k^{ij} \begin{cases} l_k^{ij}, & l_k^{ij} > 0 \\ 0, & l_k^{ij} \leqslant 0 \end{cases} \quad (2.27)$$

(1) 对于每行 $i=1,2,\cdots,m$,若 $b_k^{C_i} < d_k^{t_i}$,$\exists k = \{1,2,\cdots,r\}$,在第 i 行随机选取 $\gamma_{ij}=0$,且 $b_k^{j^*}>0$ 的 j^* 列,置 $C_i \leftarrow \{C_i + \{a_{j^*}\}\}$,$\Delta_{ij^*} \leftarrow 1$,重复操作此步直到联盟 C_i 满足任务 t_i 的需求。

(2) 对于任意 $i=1,2,\cdots,m$,$j=1,2,\cdots,n$,初始化 check$(j) \leftarrow 0$,$W_{ij} \leftarrow 0$ 和 $L_{ij}=0$。

(3) 对于每列 $j=1,2,\cdots,n$,如果 check$(j)=1$,算法结束,否则随机选择未检查的列 j。

(4) 对于每行 $i=1,2,\cdots,m$,若 $\gamma_{ij}=1$,则根据式(2.26)和式(2.27)计算 L_{ij}。此时,若 $L_{ij}=0$,表示联盟 C_i 中成员 a_j 是多余的,则进行 $C_k \leftarrow C_k - \{a_i\}$,$\gamma_{ij} \leftarrow 0$。反之,若 $L_{ij}>0$,表示联盟 C_i 中成员 a_j 是必不可少的。

(5) 若第 j 列所有位都为"0",则 check$(j) \leftarrow 1$,反之转到(3)。

(6) 若 $\sum\limits_{i \wedge \Delta_{ij}=1} L_{ij} \leqslant B_j$,此时 a_j 资源丰富,可以同时满足多个联盟的需求,则对于每行 $i=1,2,\cdots,m$,若 $\gamma_{ij}=1$,则进行 $W_{ij} \leftarrow L_{ij}$。

(7) 若 $\sum\limits_{i \wedge \Delta_{ij}=1} L_{ij} > B_j$,表示 a_j 资源不足,这时资源冲突就可能会发生,如果发生资源冲突则需要进行冲突消解。具体按照下面步骤执行:

① 在 j 列中随机选择 $\gamma_{i^* j}=1$ 的行 i^*,并置 $C_{i^*} \leftarrow C_{i^*} - \{a_j\}$,$\Delta_{i^* j} \leftarrow 0$,$L_{i^* j} \leftarrow 0$,重复执行该步直到满足 $\sum\limits_{i \wedge \Delta_{ij}=1} L_{ij} \leqslant B_j$。此时,如果第 j 列有 $\gamma_{ij}=1$ 的其余"1",则置 $W_{ij} \leftarrow L_{ij}$,同时置 $B_j \leftarrow B_j - \sum\limits_{i \wedge \Delta_{ij}=1} W_{ij}$,check$(j) \leftarrow 1$,即更新 a_j

的剩余资源。

② 当执行 $C_{i^*} \leftarrow C_{i^*} - \{a_j\}$ 操作后,如果 C_{i^*} 是无效的,则需要再次调整,即任意选择一个无效行 i^*。首先,计算 C_{i^*} 中已检查过的 Agent 剩余资源。如果 C_{i^*} 中 Agent 有剩余资源,则把这些 Agent 的剩余资源贡献给联盟 C_{i^*}。此时,若 C_{i^*} 还是不可行,随机选择 $\gamma_{i^*j^*}=0$ 且对应的 Agent 资源不为"0"的第 i^* 行的第 j^* 列,并置 $C_{i^*} \leftarrow C_{i^*} + \{a_{j^*}\}$,$\Delta_{i^*j^*} \leftarrow 1$,重复该步直到 C_{i^*} 是有效的。

③ 若所有行都有效,则转到(3),否则转到(1)。

从上述步骤可以看出,Zhang 等的算法首先检查每行,如果某行所有 Agent 的资源之和小于这行任务的需求,就会选取其他 Agent 加入此联盟,直到所有行联盟是有效的。然后检查每列以处理 Agent 的资源冲突问题,如果某列 Agent 贡献的资源之和大于该 Agent 本身拥有的资源,就让其退出某个联盟,这就可能导致原先有效联盟变为无效的,就需要选取其他 Agent 加入此联盟,而且有可能刚才退出该联盟的 Agent 重新选择加入此联盟,这样刚才 Agent 退出联盟的操作就是多余的,就会执行大量无用的操作。因此,该算法需要检查所有行和列,比较复杂并且时间成本较大。这主要是由于此算法没有考虑 Agent 和联盟之间是关联的,形成联盟完成任务时只要不会产生资源冲突,不必计算每个 Agent 在联盟中的实际贡献值,而且 Agent 在联盟中有多种资源贡献方案,而不会影响联盟值的大小。

4. 张国富的算法

张国富等的思想是当一个有效联盟有剩余资源时,将这些剩余资源临时存放到一个动态虚拟联盟,然后通过这个虚拟联盟参与其他任务的执行,采用二维二进制编码表示联盟结构生成,具体描述如下[28]:

定义 2.9　函数 flag(i) 表示任务 t_i 对应的联盟 C_i 的有效情况,如果 flag(i)=1,则联盟 C_i 是有效联盟;反之,flag(i)=0,则联盟 C_i 是无效联盟。

定义 2.10　假设 C^* 为虚拟联盟,联盟 C^* 临时保存所有有效联盟的剩余资源,可以看出联盟 C^* 实际是不存在的,而且在不断变化。

(1) 首先初始化,即对任意 $i=1,\cdots,m$,置 flag(i)←0。然后从未检查的行中选取优先级最高的一行 i,若 $B_{C_i} = \sum_{j \wedge \gamma_{ij}=1} B_j \geqslant D_i$,表示第 i 行是有效的,则置 flag(i)←1,对任意 $j=1,\cdots,n$,若 $\gamma_{ij}=1$,则对任意 $i^*=1,\cdots,m$,$i^* \neq i$,执行 γ_{i^*j}←0;若 $B_{C_i}<D_i$,则说明第 i 行是无效的。

(2) 若此时还有行未检查,则转到(1)。反之,若经过上述检查所有行都是无效的,则从这些无效行中选取优先级最高的一行,随机将该行中一位"0"置为"1",并重复该步直到该行为有效行为止。

（3）$B_{C^*} \leftarrow 0, C^* \leftarrow \varphi$,通过虚拟联盟临时存放所有有效联盟的剩余能力,即对每个 $i=1,\cdots,m$,若 flag$(i)=1$,则将其对应的有效联盟 C_i 的剩余能力 $B_{C_i} - D_i$ 临时存放到虚拟联盟 C^*,即 $C^* \leftarrow C^* + C_i, B_{C^*} \leftarrow B_{C^*} + (B_{C_i} - D_i)$。

（4）如果此时还有无效行,则依次从这些无效行中选取一个优先级最高的无效行 i'。若 $B_{C_{i'}} + B_{C^*} \geqslant D_{i'}$,即 C^* 加入后 $C_{i'}$ 可以满足任务的需求;如果 $B_{C_{i'}} + B_{C^*} < D_{i'}$,则表示 C^* 加入后 $C_{i'}$ 仍然无效,这时从第 i' 行随机选择一个可用的 Agent,并将对应的"0"置为"1",重复此操作直到 $B_{C_{i'}} + B_{C^*} \geqslant D_{i'}$ 为止。

（5）再次转移剩余能力 $B_{C^*} \leftarrow B_{C^*} + B_{C_{i'}} - D_{i'}$,flag$(i') \leftarrow 1$。对任意 $j = 1,\cdots,n$,若 $\gamma_{i'j}=1$,则对任意 $i^*=1,\cdots,m, i^* \neq i'$,且 flag$(i^*)=0$,执行 $\Delta_{i^*j} \leftarrow 0$。

（6）若此时还有行是无效的,转到（4）,否则算法结束。

从上述步骤可知,文献[28]编码修正算法的核心思想是:用一个虚拟联盟临时存放有效联盟的剩余能力,然后通过这个虚拟联盟去求解其他无效联盟。这样 Agent 虽然参与了多个联盟,但是在参与某联盟后的剩余资源参与其他任务,从而不会出现资源冲突。在资源充足的情况下,任意一个编码都能修正为合法编码,不会丢弃任何编码的发生。这种操作虽然大大降低了编码修正的时间,但随着算法的执行,虚拟联盟的成员规模会不断增大,从而使得 Agent 间的通信成本不断增大,并且虚拟联盟中成员的能力向量肯定比原先 Agent 的能力向量要小,因为是由原先 Agent 的剩余资源构成的,这样参与后续的任务的执行就需要更多 Agent 成员,即联盟资源成本也增大,这样联盟结构值就会大大降低。而且联盟中 Agent 成员是否参与某个任务并不清楚,这样联盟形成后就无法进行效用分配。

5. 杜继永的算法

杜继永等借鉴文献[28]的思想,采用二阶段粒子初始化的方法,首先对每个粒子随机生成二维二进制编码,然后根据二进制编码在 Agent 资源空间内随机生成二维整数编码,作为 Agent 在联盟中的资源贡献量,详细描述如下[29]：

定义 2.11　函数 flag(j) 表示编码中任务 t_j 对应的联盟 C_j 的有效性,若 flag$(j)=1$,则 C_j 为有效联盟;若 flag$(j)=0$,则 C_j 为无效联盟。

定义 2.12　$x_{i,j}$ 为 a_i 在 C_j 中的贡献量,$R^{t_j}, R^{a_i}, R_{\text{left}}$ 分别为任务 t_j 需要的资源、a_i 拥有的资源和它们的剩余资源。

（1）对于任意 $j \in \{1,2,\cdots,m\}$,flag$(j) \leftarrow 0$,从未检查的列中选择优先级

最高的列 $x_{i,j}$,如果 $\sum x_{i,j} \geqslant R^{t_j}$,则表示 C_j 是有效联盟,置 $\mathrm{flag}(j) \leftarrow 1$,这时,对于 $\forall a_i \in C_j, j' \neq j$,置 $x_{i,j} = 0$;如果 $\sum x_{i,j} < R^{t_j}$,则表示 C_j 是无效联盟,保持 $\mathrm{flag}(j) = 0$ 不变。

(2) 若还有未检查的列 $x_{i,j}$,则转到(1)。对于 $\forall j \in \{1,2,\cdots,m\}$,$\mathrm{flag}(j) = 0$,则从未检查的任务中选取优先级最高的任务 t_j,随机选择 $i \in \{1,2,\cdots,m\}$,令 $x_{i,j} = R_{\mathrm{left}}^{a_i}$,直到 $\sum_{i=1}^{n} x_{i,j} \geqslant R^{t_j}$ 为止,$C_j \leftarrow C_j + a_i$。

(3) 从 $\mathrm{flag}(j) = 1$ 中选取优先级最高的列 j,同时计算联盟 C_j 的剩余能力 $R_{\mathrm{left}}^{C_j} = \sum_{a_i \in C_j} x_{i,j} - R^{t_j}$,并判断剩余能力是否大于某个(几个)Agent 的能力贡献总和,若否,则转到(5);若是,则裁减联盟成员,$C_j \leftarrow C_j \backslash C_j'$,其中,$C_j' \subset C_j$,满足能力贡献总和 $R_{\mathrm{left}}^{C_j'} \leqslant R_{\mathrm{left}}^{C_j}$,更新联盟剩余能力,转到(5)。

(4) 选择优先级别最高的无效联盟 C_j,随机选择具有剩余有效能力的 a_i,即 $R_{\mathrm{left}}^{a_i} > 0$,令 $x_{i,j} \leftarrow R_{\mathrm{left}}^{a_i}$,$C_j \leftarrow C_j + a_i$,直至 $\sum_{a_i \in C_j} x_{i,j} \geqslant R^{t_j}$,$\mathrm{flag}(j) \leftarrow 1$,对每个 j',$j' \neq j$,且 $\mathrm{flag}(j') = 0$,置 $x_{i,j'} = 0$。计算 C_j 的剩余能力 $R_{\mathrm{left}}^{C_j}$,判断是否大于某个(几个)Agent 的能力贡献总和,若否,则转到(5);若是,则裁减联盟成员,$C_j \leftarrow C_j \backslash C_j'$,更新联盟剩余能力,转到(5)。

(5) 将剩余能力分配给某个(或某几个)$a_{i'}$,这是通过降低能力贡献量的方式进行的。

(6) 若 $\exists j \in \{1,2,\cdots,m\}$,$\mathrm{flag}(j) = 0$,则转到(4);否则,结束算法。

由上述步骤可知,文献[29]编码修正算法的核心思想是:当联盟提供的资源大于该联盟对应任务的需求资源时,此时这个联盟就是一个有效联盟,求出这个有效联盟的剩余资源。如果有效联盟的剩余资源大于或等于某个(或几个)Agent 成员的贡献量,就从联盟中剔除该 Agent 成员,这样可以裁减联盟成员以提高联盟结构值;否则,将联盟的剩余资源平摊到联盟成员上,最后利用 Agent 的剩余资源来求解其他无效联盟。这种操作可以在一定程度上提高联盟结构值,但是该修正算法中行调整策略进行了置零操作,增加了算法的运行时间,这个实际上是不必要的,其编码修正操作繁琐,增加了编码修正时间。

文献[26]~[28]都是采用离散粒子群求解重叠联盟结构生成的,文献[29]采用连续粒子群,和无编码修正的重叠联盟结构生成的区别就是在初始化种群和新产生种群时都需要进行编码修正,其他步骤和无编码修正类似,在此就不阐述了。

本 章 小 结

　　本章首先介绍了智能优化算法,详细介绍了 4 个经典的智能优化算法,分别是蚁群算法、遗传算法、粒子群算法和差分进化算法;然后介绍了基于智能优化算法的联盟结构生成,分别介绍了非重叠联盟和重叠联盟的结构生成算法,并对相关算法进行了性能分析。

第 3 章 基于二维编码和编码修正的 重叠联盟结构生成

联盟结构生成是多 Agent 系统中非常活跃的研究领域。在重叠联盟中,每个 Agent 可以同时参与多个任务对应的不同联盟,由于每个 Agent 资源有限,这就会产生资源冲突。为了解决资源冲突,本章提出一种改进的编码修正算法,只需检查编码的每一行,就可以将一个无效的二维二进制编码修正为一个合法的编码。为了验证算法的有效性,实验采用差分进化算法作为实验平台,并和 Zhang 等的算法进行对比,实验结果表明,本章算法无论在解的质量还是编码修正时间上都优于 Zhang 等的算法。

3.1 引 言

基于多 Agent 系统的分布式智能控制正在蓬勃兴起,是控制科学发展中的又一次飞跃,Agent 间的协调合作是其中的关键问题之一。联盟形成是 MAS 中的一种基础活动,能够提高单个 Agent 的效益和有效地完成任务,因此,形成一个有效的联盟是 MAS 领域的热点课题。[98-99]纵观来说,现在一般研究都关注非重叠联盟,即在任何时刻一个 Agent 只能加入一个联盟,也就是说,当一个联盟形成后,加入到此联盟的每个 Agent 即使有足够资源也不能加入其他联盟。[100-101]然而,一个资源充足的 Agent 不应该只参与一个任务对应的联盟,这样会造成资源的浪费,为了获取更多的利益,它完全可以参加几个联盟。这在虚拟企业中是很普遍的,一些企业以丰富的资源优势可以同时参与多个企业联盟提供相应的服务而获取更多的报酬。显然,这种重叠性能够提高 Agent 资源的利用率和任务完成的效率及系统的收益。这样,重叠联盟更能符合现实世界的实际情况,更有利于增强单个 Agent 求解任务的能力,实现资源重组和优势互补,从而提高整个系统的资源利用率和任务求解效率。

3.2　相　关　工　作

重叠联盟是指同一时刻每个 Agent 能够参与多个任务的执行,这就存在多个任务竞争同一个Agent,而每个 Agent 的资源是有限的,就会产生资源冲突。正如前面所说,现在大多数研究的是非重叠联盟,而重叠联盟相对被忽视,重叠联盟理论在近几年才兴起,还处于探索研究阶段,有许多问题需要深入研究。

在重叠联盟基础理论方面,Shehory 和 Kraus 针对 OCF 问题,运用贪婪算法求解重叠联盟问题,但方法对资源没有限定,即在资源无限的情况下求解可能的联盟,此算法具有高通信成本,浪费资源。[102]Chalkiadakis 等采取从对策论中引入核的概念来对重叠联盟进行建模和分析,但其模型要求每个 Agent 只能拥有单一资源。[103]Zick 等提出了一种有仲裁者参与的重叠联盟模型,并对其进行了计算复杂性分析。[104-105]然而,上述已有工作并没有分析重叠联盟的解空间,也没有指出如何搜索重叠联盟结构。

在重叠联盟结构生成方面,Sen 和 Dutta 采用一维整数编码遗传算法找到最优联盟。[106]Yang 和 Luo 改进了 Sen 和 Dutta 的工作,基于二维二进制编码和相应的修正算法求解联盟生成。[93]张国富等改进了上述方法,引入虚拟 Agent 技术求解联盟,但此方法只能求解多个任务串行执行联盟的求解。[97]蒋建国等改进了上述方法,提出冲突消解求解多个任务并发的复杂联盟生成。[107]以上描述都是通过串行方式进行搜索的,这样必然会影响后续任务的联盟优化结果,因为某些 Agent 的资源已被前面的联盟占据。

Zhang 等提出了基于粒子群的重叠联盟生成算法,首先随机选取某一行,并随机选取资源合适的 Agent 加入此行任务对应的联盟,保证此联盟的可行性,然后检查每列对应的 Agent。[27]对于每列,检查某列中的"1"对应的 Agent 在所对应联盟中的最小资源贡献值,若该列对应的 Agent 在对应联盟中的贡献值总和大于本身拥有的资源,就会出现资源冲突,就让其退出此联盟,这样就会导致原先可行的联盟不可行,此时需要选取其他 Agent 加入该联盟以保证联盟的可行性。而且此方法有可能原先被检查有效的行经过列调整变为无效行,还要重新进行调整,还有可能原先退出此联盟的某个 Agent 后来会重新加入此联盟。因此,此算法虽然能处理资源冲突问题,但是必须检查所有行和列,其操作是极其复杂的。针对上述不足,本章将差分进化算法应用到 OCF 中,采用二维二进制编码方式,重点提出在不会产生资源冲突的情况下,如何将一个无效编码修正为一个合法编码的算法,最后通过实验验证并和 Zhang 等的算法进行了对比。

3.3 编码修正算法

3.3.1 算法描述

算法的整体思想是当一个 Agent 被选择加入一个联盟,它所提供的资源应该不大于该 Agent 本身的资源值,同时要计算它在这个联盟中实际贡献的资源和它的剩余资源,这个 Agent 可以通过剩余资源加入其他联盟。需要注意的是,如果一个 Agent 没有任何剩余资源,将不会参与任何其他任务。重叠联盟的数学模型与 1.3.2 小节类似,二维二进制编码结构见 2.4.2 小节,这个算法的主要步骤描述如下:

(1) 首先初始化 C_i,B_{C_i},P_j 和 W_{ji} 的值,即 $C_i \leftarrow \varnothing$,$B_{C_i} \leftarrow 0$,$P_j \leftarrow B_j$,$W_{ji} \leftarrow 0$。

(2) 任意选取未检查的第 i 行,随机选取该行中未检查的 $\gamma_{ij}=1$ 第 j 列。

① 如果 $\gamma_{ij}=1$,$B_{C_i} < D_i$ 且 $\min\{D_i - B_{C_i}, P_j\} > 0$,表示联盟 C_i 不能完成第 i 个任务,$W_{ji} \leftarrow \min\{D_i - B_{C_i}, P_j\}$,$W_{ji}$ 即为 a_j 至少提供给联盟 C_i 的资源数;同时计算 a_j 的剩余资源和联盟 C_i 已分配的资源数,即 $P_j \leftarrow P_j - W_{ji}$,$B_{C_i} \leftarrow B_{C_i} + W_{ji}$。

② 如果 $\gamma_{ij}=1$,$B_{C_i} < D_i$,且 $\min\{D_i - B_{C_i}, P_j\} = 0$,表示联盟 C_i 不能完成第 i 个任务,但此时 a_j 没有任何可提供的资源,就让 a_j 离开联盟 C_i,即 $\gamma_{ij} \leftarrow 0$。

③ 如果 $\gamma_{ij}=1$,$B_{C_i} = D_i$,表示联盟 C_i 能够完成第 i 个任务,a_j 对于联盟 C_i 可有可无,让 a_j 离开联盟 C_i,即 $\gamma_{ij} \leftarrow 0$,这样做的目的是减少通信开销从而

提高联盟 C_i 的收益。

重复执行以上操作,直到该行所有 $\gamma_{ij}=1$ 列都检查完毕。

(3) 如果第 i 行所有为"1"的位形成的联盟不能完成任务 t_i,即 $B_{C_i}<D_i$,随机从 $A-C_i$ 选取一个 $P_{j*}>0$ 的 a_{j*} 加入联盟 C_i,执行 $\gamma_{ij*}\leftarrow 1,C_i\leftarrow C_i+\{a_{j*}\},W_{j*i}\leftarrow\min\{D_i-B_{C_i},P_{j*}\}$,$W_{j*i}$ 即为 a_{j*} 至少提供给联盟 C_i 的资源数;同时计算 a_{j*} 的剩余资源和联盟 C_i 已分配的资源数,即 $P_{j*}\leftarrow P_{j*}-W_{j*i},B_{C_i}\leftarrow B_{C_i}+W_{j*i}$,并重复这个操作直到 C_i 能够完成任务 t_i,即满足 $B_{C_i}=D_i$。

(4) 同理,任意选取其他未检查的行进行编码修正,直到所有行都检查完毕,算法结束。

3.3.2　实例说明

假设有 3 个 Agent,$A=\{a_1,a_2,a_3\}$,有 2 个需要合作求解的任务,$T=\{t_1,t_2\}$。向量 $B_1=[3,2],B_2=[4,3],B_3=[2,3]$ 为每个 Agent 拥有的初始资源,向量 $D_1=[3,4],D_2=[4,3]$ 为每个任务需要的资源值。

具体修正过程可以描述为:任意选取未检查的第二行任务,此时 $B_{C_2}=0<D_2$,随机检查编码为"1"的第三列,$W_{32}\leftarrow\min\{D_2-B_{C_2},P_3\}=[2,3]$,这时,$B_{C_2}\leftarrow[2,3],P_3\leftarrow[0,0],C_2\leftarrow\{a_3\}$。然后检查编码为"1"的第二列,$W_{22}\leftarrow\min\{D_2-B_{C_2},P_2\}=[2,0]$,这时,$B_{C_2}\leftarrow[4,3],P_2\leftarrow[2,3],C_2\leftarrow\{a_2,a_3\}$,至此第二行检查完毕。再选取第一行任务,此时,$B_{C_1}=0<D_1$,随机检查编码为"1"的第一列,$W_{11}\leftarrow\min\{D_1-B_{C_1},P_1\}=[3,2]$,这时,$B_{C_1}\leftarrow[3,2],P_1\leftarrow[0,0]$,$C_1\leftarrow\{a_1\}$。然后检查编码为"1"的第三列,但是此时 a_3 没有任何剩余资源,就让 a_3 离开联盟 C_1,即置 $\gamma_{13}\leftarrow 0$。然而此时 $B_{C_1}<D_1$,就让有剩余资源的 a_2 加入联盟 C_1 中,$\gamma_{12}\leftarrow 1,W_{21}\leftarrow\min\{D_1-B_{C_1},P_2\}=[0,2],B_{C_1}\leftarrow[3,4],P_2\leftarrow[2,1],C_1\leftarrow\{a_1,a_2\}$,至此第一行检查完毕,整个编码就被修正为一个合法编码。详细编码修正步骤如图 3.1 所示。

3.3.3　性能分析

命题 1　在满足式(1.2)的条件下,任意一个 $m\times n$ 的非法编码都能被本章算法修正为一个合法编码。

$$
\begin{array}{llllllllll}
P_j \to & [3,2] & [4,3] & [2,3] & [3,2] & [4,3] & \underline{[0,0]} & [3,2] & \underline{[2,3]} & [0,0] \\
& 1 & 0 & 1 & 1 & 0 & 1 & 1 & 0 & 1 \\
W_{j1} \to & [0,0] & [0,0] & [0,0] \Rightarrow & [0,0] & [0,0] & [0,0] \Rightarrow & [0,0] & [0,0] & [0,0] \Rightarrow \\
& 0 & 1 & 1 & 0 & 1 & 1 & 0 & 1 & 1 \\
W_{j2} \to & [0,0] & [0,0] & [0,0] & [0,0] & [0,0] & [2,3] & [0,0] & [2,0] & [2,3] \\
\end{array}
$$

$$
\begin{array}{lllllllll}
\underline{[0,0]} & [2,3] & [0,0] & [0,0] & [2,3] & [0,0] & [0,0] & \underline{[2,1]} & [0,0] \\
1 & 0 & 1 & 1 & 0 & \boxed{0} & 1 & \boxed{1} & 0 \\
\underline{[3,2]} & [0,0] & [0,0] \Rightarrow & [3,2] & [0,0] & [0,0] \Rightarrow & [3,2] & [0,2] & [0,0] \\
0 & 1 & 1 & 0 & 1 & 1 & 0 & 1 & 1 \\
[0,0] & [2,0] & [2,3] & [0,0] & [2,0] & [2,3] & [0,0] & [2,0] & [2,3] \\
\end{array}
$$

图 3.1　编码修正实例

证明　采用数学归纳法进行证明:

(1) 当 $m=1$ 时,系统里只有一个待求解任务,由式(1.2)可以确保这个任务能够完成,且不会发生资源冲突,即 $m=1$ 时,命题成立。

(2) 假设当 $m=m'$ 时命题成立,前 m' 行能被本章算法修正为一个合法编码,即前 m' 个任务能够完成,这样仅剩下第 m 个任务需要分配资源,则有

$$\sum_{i=1}^{m'} B_{C_i} = \sum_{i=1}^{m'} D_i$$

(3) 则当 $m=m'+1$ 时,不失一般性,我们假设前 m' 个任务能够完成,因此,这里只需证明第 $m'+1$ 个任务也能完成即可。

由式(1.2),有

$$\sum_{j=1}^{n} B_j \geqslant \sum_{i=1}^{m} D_i$$

对于第 $m'+1$ 个任务,有 $\sum_{j=1}^{n} B_j - \sum_{i=1}^{m'} B_{C_i} \geqslant \sum_{i=1}^{m} D_i - \sum_{i=1}^{m'} D_i$,此不等式左边 $\sum_{j=1}^{n} B_j - \sum_{i=1}^{m'} B_{C_i}$ 恰为前 m' 个任务完成后所有 Agent 的剩余资源,即 $\sum_{j=1}^{n} B_j - \sum_{i=1}^{m'} B_{C_i} = \sum_{j=1}^{n} P_j$。不等式右边 $\sum_{i=1}^{m} D_i - \sum_{i=1}^{m'} D_i$ 恰为未完成的第 $m'+1$ 个任务所需的资源,即 $\sum_{i=1}^{m} D_i - \sum_{i=1}^{m'} D_i = D_{m'+1}$,因此有 $\sum_{j=1}^{n} P_j \geqslant D_{m'+1}$,由此可见,第 $m'+1$ 个任务有足够资源可以完成,即 $m'+1$ 行能被修正为一个合法编码。

故命题得证。

命题 2　对于任意一个 OCF 实例,本章修正算法的时间复杂度至多为

$o(m \times n \times r)$。

证明　由上述修正算法可以看出,所有资源都需要给出每一个 W_{ji} 的值,这样操作数的初始化操作的时间复杂度为 $o(m \times n \times r)$。另外,这里最多有 m 行需要检查,当某行 i 被选择,就需要遍历 n 位,如果 $\gamma_{ij} = 1$,就需要计算所有资源的 W_{ji},在联盟 C_i 这种操作的时间复杂度为 $o(n \times r)$。如果 $B_{C_i} < D_i$,最多只能选择 n 个 Agent 加入联盟 C_i,同时需要判断所选 Agent 的 r 种资源并改变 B_{C_i} 的值,这种操作的时间复杂度也为 $o(n \times r)$。检查所有行的时间复杂度为 $o(m \times (n \times r + n \times r)) = o(m \times n \times r)$,综上所述,本章修正算法的时间复杂度至多为 $o(m \times n \times r)$。

3.4　重叠联盟结构生成算法

标准差分进化算法的执行过程见第 2 章 2.2.4 小节。目前差分进化算法大多数采用实数编码进行问题的研究和应用,本章提出基于二进制编码差分进化算法(binary differential evolution,BDE)求解重叠联盟。一般通过标准差分进化求解问题,运算结果中变异操作都为实数,但在本章中,个体为二进制编码,这就导致变异运算结果不再是求解问题的可行解。变异操作通过 2.3.4 小节式(2.18)和式(2.19)进行调整。变异操作调整为

$$h'_u(t+1) = \begin{cases} 1, & \mathrm{Sig}(x) > \mathrm{rand}() * (1/\mathrm{rand\_max}) \\ 0, & \text{否则} \end{cases}$$

其中,rand_max 是产生的最大随机数,rand() 是取 0 到最大随机数之间的数。

基于二进制编码差分进化算法求解重叠联盟的算法步骤如下:

(1) 初始化二进制编码,随机产生第一代种群。

(2) 按照上述编码修正算法对初始种群进行编码修正,并根据式(1.3)计算适应度值。

(3) 首先对修正过的初始种群进行变异、交叉操作;然后通过编码修正算法对变异、交叉后的种群进行编码修正,并根据式(1.3)计算适应度值;最后根据适应度值,选择生成下一代种群。此过程循环进行,直到达到进化代数。

(4) 输出结果。

3.5　实验结果分析

为了评估本章算法的有效性,通过实验仿真并对比结果。设 Agent 个数 $n = 10$,任务个数 $m = 4$,资源种数 $r = 2$,分别采用 Zhang 等的算法和本章算法求解重叠联盟生成问题,并对结果进行比较。在 Zhang 等的算法中采用粒子群算法作为实验平台,粒子数为 20,粒子最大速度为 6.0。本章采用差分进化算法作为实验平台,交叉概率为 0.9,缩放因子为 0.6,种群规模也为 20,两种算法中最大迭代次数都为 500,并各独立运行 50 次。由于两种算法采用实验平台不一样,为了公平性,实验中对比编码修正时间,不是总的时间消耗。而且实验分别在两种实验环境下进行:在实验环境 1 中,所有 Agent 拥有的资源恰好等于所有任务需求的资源,即 $\sum_{j=1}^{n} b_k^j = \sum_{i=1}^{m} d_k^i, k = 1, \cdots, r$;在实验环境 2 中,所有 Agent 拥有的资源大于所有任务需求的资源,即 $\sum_{j=1}^{n} b_k^j > \sum_{i=1}^{m} d_k^i, k = 1, \cdots, r$。

图 3.2 为两种算法分别在两种实验环境下每次实验求解的总收益。由图可以看出,两种环境下本章算法都比 Zhang 等的算法要好,而且在第二种环境下整体收益明显比第一种好。这是因为本章修正算法中,判断联盟 C_i 是否有效,是根据编码中“1”的情况将对应的 Agent 加入联盟,当某个联盟 C_i 有效,就将编码中多余的“1”改为“0”,即将对应 Agent 移出联盟。而 Zhang 等的算法是当某个 Agent 参与联盟贡献的资源大于 Agent 本身拥有的资源,就将某个联盟 C_i 中的“1”改为“0”,这样操作可能会导致联盟 C_i 是无效的,此时保证联盟 C_i 有效又要选取别的 Agent 参与此联盟。这样联盟 C_i 的成员并没有减少,即通信成本高于本章算法,因此本章算法求得的系统总收益比 Zhang 等的算法好。而在第二种环境下,每个 Agent 拥有的资源比第一种环境下充足,这样完成每个任务需要的 Agent 个数就会减少,即通信成本会降低,从而整体收益比第一种环境下好。

图 3.3 为两种算法分别在两种实验环境下每次实验编码的修正时间。由图可以看出,两种环境下本章算法都比 Zhang 等的算法要好,而且在第二种环境下编码修正时间整体比第一种稍好。这是因为本章修正算法是随机选取某一行进行编码修正,再随机选取其他行进行编码修正,即只需检查所有行,这样

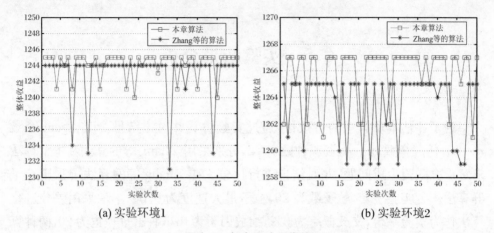

(a) 实验环境1　　　　　　　　　　　　(b) 实验环境2

图 3.2　每次实验总收益

会大大减少时间。而 Zhang 等的算法是选中某一行,再检查该行对应的所有列,而且有的行之前被调整为有效行,后来有可能变为无效行,又需要重新进行调整,以此类推,直到所有行检查完毕,即必须检查所有行和列。而在第二种环境下,由于每个 Agent 资源比第一种环境下充足,这样调整的次数肯定比第一种环境下要少,即编码修正时间整体比第一种环境下稍好。

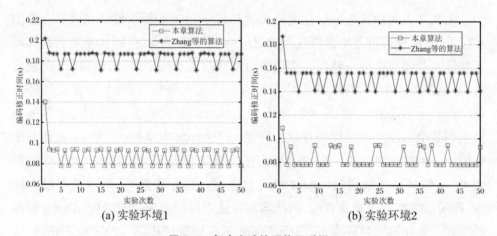

(a) 实验环境1　　　　　　　　　　　　(b) 实验环境2

图 3.3　每次实验编码修正时间

为了进一步证明算法的有效性,下面从 Agent 个数、任务个数和资源种数 3 种参数的变化方面分别进行实验,并各自运行 30 次,求其平均值。

3.5.1　Agent 个数的递增

为了验证两种算法的性能,首先测试随 Agent 个数递增的影响,n 从 16 递增到 30,此时任务个数 $m = 4$,资源种数 $r = 2$。图 3.4 为两种算法在不同 n 时分别在两种实验环境下的平均总收益。在第一种环境下,本章算法收益明显优于 Zhang 等的算法。随着 n 的增加,两种算法在第一种环境下都出现明显降低,在第二种环境下,本章算法和 Zhang 等的算法收益差别不大。这是因为在第一种环境下,所有 Agent 拥有的资源和是不变的,随着 n 的增加,每个 Agent 拥有的资源会逐渐减少,这样完成每个任务需要的 Agent 个数就会逐渐增加,即联盟中 Agent 成员个数会递增,从而通信成本会增加,而联盟值就会降低,即系统总收益会逐渐降低。但在第二种环境下,每个 Agent 资源充足,只要少数 Agent 就可以完成任务,随着 n 的增加,两种算法都尽量选取通信成本低的 Agent 加入联盟完成任务,这样系统总收益都会增加,因此实验环境 2 中整体收益比实验环境 1 中好。在 Agent 资源充足的情况下,本章算法和 Zhang 等的算法完成每个任务的联盟基本是固定的,因此系统总收益差别不大。

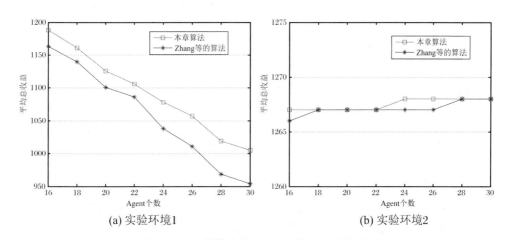

(a) 实验环境1　　　　　　　　　　　　(b) 实验环境2

图 3.4　两种算法在不同 n 时的平均总收益

图 3.5 为两种算法分别在两种实验环境下不同 n 时的平均编码修正时间,第二种环境下比第一种环境下稍好。随着 n 的增加,两种环境下,两种算法的平均编码修正时间都会增加,但整体来看,本章算法明显优于 Zhang 等的算法,且 n 越大时,差别越大。这表明 Zhang 等的算法受 n 的影响更大,这主要由于 Zhang 等的算法通过检查各列的 Agent 来判断每一行是否有效,而当某

个 Agent 退出某个联盟时有可能导致先前有效行变为无效行,而后重新检查这行时有可能刚才退出联盟的 Agent 重新被选择加入,这样随着 n 的递增,好多这些无用的操作被反复执行,从而耗费了大量的时间。而本章算法判断每行是否有效,是检查每行中"1"对应的 Agent 资源是否满足每行任务的需求,这样只需检查每一行就可以完成编码修正操作,这样消耗的时间会大大减少。而且随着 n 的增加,每个 Agent 拥有的资源会减少,而每个任务需求的资源不变,这样编码修正次数就会增加,从而编码修正时间也会随着 n 增大而增加。

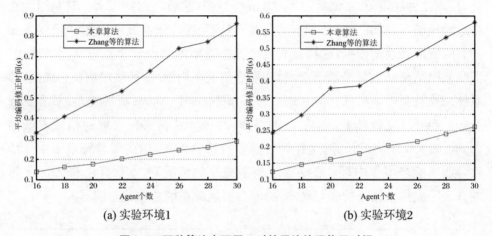

(a) 实验环境1   (b) 实验环境2

图 3.5 两种算法在不同 n 时的平均编码修正时间

3.5.2 任务个数的递增

然后验证两种算法随着任务个数递增的影响,任务个数 m 从 6 递增到 20,Agent 个数 $n=10$,资源种数 $r=2$。图 3.6 为两种算法分别在两种实验环境下不同 m 时的平均总收益。如图 3.6 所示,在第一种环境下,本章算法略高于 Zhang 等的算法,但区别不大;而在第二种环境下,两种算法基本没有区别,但在两种环境下,随着 m 的增加,都呈现递增趋势。这是因为随着任务数的增加,任务报酬会增加,而 Agent 个数是固定的,总的通信成本是有限的,所以系统总收益会递增。

图 3.7 为两种算法分别在两种实验环境下不同 m 时的平均编码修正时间,第二种环境下比第一种环境下稍好。随着 m 的增加,两种环境下,两种算法的平均编码修正时间都会增加,但两者的差别相对比较缓慢,整体来看,本章算法明显优于 Zhang 等的算法。实验结果表明,两种算法差别受 m 变化的影

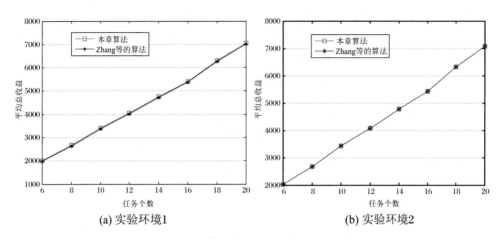

(a) 实验环境1   (b) 实验环境2

图 3.6   两种算法在不同 m 时的平均总收益

响没有 n 那么敏感。这是由于两种算法在检查行是否有效时,都是通过计算每列 Agent 的剩余资源来进行冲突消解的,而对行本身的操作很少,从而随着 m 的递增两种算法整体差别不是越来越大。

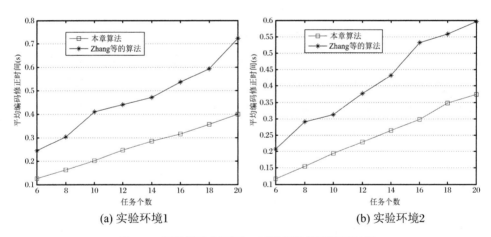

(a) 实验环境1   (b) 实验环境2

图 3.7   两种算法在不同 m 时的平均编码修正时间

3.5.3   资源种数的递增

最后测试两种算法对于资源种数的变化性能,资源种数 r 从 2 到 16 变化,Agent 个数 $n=10$,任务个数 $m=4$。图 3.8 为两种算法分别在两种实验环境下不同 r 时的平均总收益。如图 3.8 所示,在两种环境下总收益都呈现显著的下降趋势,最后下降为 0。这是因为随着 r 的递增,资源成本不断增大,而任务报酬不变, Agent 间总的通信成本也不变, 这样联盟的收益就会降低, 而当资源成本增加到一定的时候, 即任务报酬小于或等于联盟中所有 Agent 资源成本和通信成本之和时, 系统收益就为 0。而且两种环境下, 两种算法差别不大, 但本章算法均比 Zhang 等的算法要好一些。

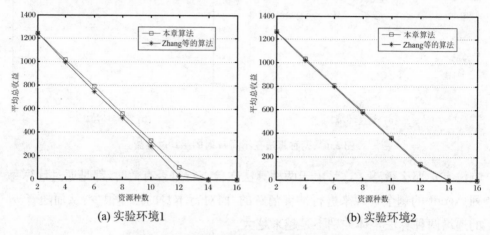

(a) 实验环境1　　　　　　　　　　　　(b) 实验环境2

图 3.8　两种算法在不同 r 时的平均总收益

图 3.9 为两种算法分别在两种实验环境下不同 r 时的平均编码修正时间, 两种环境下整体差别不大, 但第二种环境下比第一种环境下稍好些。实验结果表明, Zhang 等的算法对 r 的变化敏感, 而本章算法对 r 的变化不敏感。随着 r 的增加, 两种环境下, 两种算法的平均编码修正时间都会增加, 但整体来看, 本章算法均优于 Zhang 等的算法, 且 r 越大时, 差别越大。这是由于在两种环境下, 本章算法在检查某行是否有效时, 只要根据编码中"1"对应的 Agent 资源数进行调整, 即只要通过检查每行就可以完成编码修正, 而 Zhang 等的算法在检查某行是否有效时, 需要计算该行中其中一列的"1"对应的 W_j, 再检查其他列时, 还要重新计算该行 C_i 和 B_{C_i}, 由此产生了许多冗余操作, 从而耗费了大量的时间。

综上可知, 本章算法在两种实验环境下求得的系统总收益和编码修正时间都比 Zhang 等的算法要好。n, r 两个参数对 Zhang 等的算法影响比较明显, m 这个参数对其影响相对不敏感。因此, Zhang 等的算法只适合于 Agent 个数和资源种数比较小的联盟形成问题。本章算法对 m, n, r 3 个参数均不敏感, 但本章算法在实验环境 1 中求得的系统总收益明显优于 Zhang 等的算法, 在实验环境 2 中差别不大, 而编码修正时间在两种实验环境下都优于 Zhang 等的算法。这就说明 Zhang 等的算法只适用于 Agent 资源非常充足的情况,而本章算法在两种实验环境下均有较佳的表现,适合各种情况。

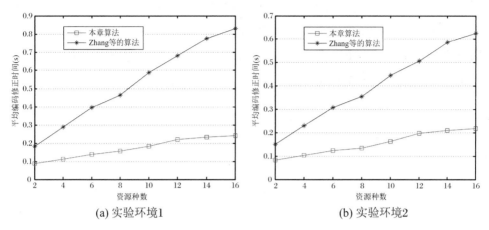

图 3.9　两种算法在不同 r 时的平均编码修正时间

需要说明以下 3 点:

(1) 本章算法和 Zhang 等的算法都是随机选取某一行进行检查的,本章算法检查完所有行整个编码就修正为合法编码,而 Zhang 等的算法检查每一行必须检查所有列,而且有可能之前检查为合法的行经过后面处理变为无效行而重新检查。

(2) 实验消耗的时间和计算机本身配置环境有关,本章所有实验都在 Windows 7 操作系统下,CPU:AMD A8-3520M,内存:4G,硬盘:500G。

(3) 本章和第 4 章实验环境 2 中,所有 Agent 拥有的资源大于所有任务需求的资源。这里大于是稍大于,不是远远大于,要是远远大于,即 $\sum_{i=1}^{n} b_k^i \gg \sum_{j=1}^{m} d_k^j, k = 1, \cdots, r$。此时每个任务只要一个 Agent 就可以完成,就不需要形成联盟。此时联盟 C_j 的值:$v(C_j) = \pi(t_j) - \theta(C_j)$,因为此时联盟成员只有一个,通信成本就为 0。这种情况更简单些,在此就不一一介绍了。

本 章 小 结

本章提出一种快速、有效的编码修正算法,可以将一个无效编码修正为一个有效的编码,随机选取某一行进行编码修正,再随机选取其他未选取的行进行编码修正,直到所有行都检查完毕,然后基于二进制差分进化算法求解重叠联盟并和 Zhang 等的算法进行对比,实验结果表明,本章算法无论是在解的质量上还是在编码修正时间上都优于 Zhang 等的算法。由于二维编码结构不能明确表示每个 Agent 在每个任务每种资源的实际贡献量,为此本书第 4 章设计三维整数编码表示重叠联盟结构生成。

第4章 基于差分进化和编码修正的重叠联盟结构生成

重叠联盟结构生成是人工智能和多 Agent 系统领域中的一个难点问题。在重叠联盟中,当一个资源有限的 Agent 参与了多个联盟求解多个不同的任务时,就会产生资源冲突。本章设计了一种三维整数编码表示重叠联盟结构生成,编码中的每一个元素代表某个 Agent 在某种资源上对某任务的实际贡献量,并设计了相应的个体修正策略以评估和解决编码中可能存在的资源冲突。然后基于差分进化和编码修正策略求解重叠联盟结构生成,并和已有的相关算法进行了对比分析。

4.1 引 言

在 MAS 中,一般都要求 Agent 集在有限的时间内完成规定的任务集,由于单个 Agent 能力有限,无法单独完成任务时,就必须和其他 Agent 合作形成联盟共同完成任务。联盟生成是 MAS 中一切活动的基础,能够提高单个 Agent 求解任务的效率,已成为人工智能和 MAS 领域的一个热点课题,受到国内外广大学者的关注,并已广泛应用于智能选择[108]、家庭基站网络[109]、无线网络[110]、电力系统[111]和多媒体安全[112]等。

纵观来说,现在一般研究都关注非重叠联盟,即在任何时刻一个 Agent 只能加入一个联盟,也就是说,当一个联盟形成后,加入到此联盟的每个 Agent 即使有足够的资源也不能加入其他联盟。然而,一个资源充足的 Agent 不应该只参与一个任务对应的联盟中,这样会造成资源的浪费,它完全可以参加到几个联盟中。这在虚拟企业[39-40]中是很普遍的,一些资源充沛的企业完全可以同时参与多个不同企业联盟提供相应的资源而获取更多的报酬。显然,这种重叠性能够提高 Agent 资源的利用率和任务完成的效率及系统的收益,这在无线网络中的应用也得到了有效验证。[113-116]这样,重叠联盟由此产生,即允许一个 Agent 可以同时参与多个不同的联盟,分配它的资源完成多个不同的任务。重叠联盟形成研究起步较晚,目前还处于探索阶段。由于重叠联盟允许 Agent 自由参加任务求解联盟,其解空间要远比非重叠联盟庞大的多。因此,就目前的现状来说,重叠联盟形成仍有许多问题需要深入研究。为此,本章基于差分进化[117-118]挖掘重叠联盟结构,试图以一种更加形象和有效的方式实现一个 Agent 可以同时参与多个不同的联盟,并完成任务和资源分配。

4.2　　相关工作分析

重叠联盟形成研究起步较晚,还处于探索阶段,而非重叠联盟的研究已经硕果累累。[14-18]重叠联盟是指同一时刻每个 Agent 能够参与多个任务的执行,一组 Agent 必须在有限的时间或资源内参加一系列任务,这就存在多个任务竞争同一个 Agent,而每个 Agent 的资源是有限的,这就会产生资源冲突。由于重叠联盟允许 Agent 自由参加任务求解联盟,其解空间要远比非重叠联盟庞大的多。因此,就目前的现状来说,重叠联盟形成仍有许多问题需要深入研究。

为了求解重叠联盟结构的并行生成,张国富等将传统的离散粒子群算法[119]扩充到二维二进制编码来搜索重叠联盟,提出了将有效联盟的剩余能力转移给一个虚拟联盟,然后让这个虚拟联盟去帮助和解决其他无效联盟。[28]这种启发式操作大大降低了编码修正的计算成本,在编码修正的过程中虚拟联盟的规模会越来越大,这样联盟的通信成本会增大,从而联盟值会减少,降低了一些联盟的优越性。针对该问题,杜继永等在连续粒子群算法[120]中采用二阶段初始化,首先对每个粒子随机生成二维二进制编码,再根据二进制编码在 Agent 资源空间内随机生成二维整数编码,作为 Agent 在联盟中的资源贡献量。[29]在编码修正时,如果有效联盟的剩余能力超过了某个成员的贡献量,则剔除该成员,对联盟进行裁减;否则,将联盟的剩余能力平摊到联盟成员上,最后利用 Agent 的剩余能力来解决其他无效联盟。这种启发式操作可以在一定程度上提高重叠联盟的优越性,但其修正策略过于繁琐,增加了编码修正的计算开销,而且这种把联盟的剩余能力平摊到成员上的操作势必改变 Agent 持有的原始资源量,导致联盟解空间的动态变化,降低了算法的性能,所以其最后给出的解是不可靠的。

基于上述背景,本章将差分进化[111-112]扩充到三维整数编码,编码中的每一个元素直观地代表某一 Agent 在某一种资源上对某一任务的实际贡献量,并提出相应的编码修正策略完成 Agent 资源的快速分配,同时有效避免潜在的资源冲突。

4.3　重叠联盟结构生成问题

由于本章采用三维整数编码结构,重叠联盟的数学模型与 1.3.2 小节稍有区别,这里简单描述如下:

设 MAS 中有 $n \in \mathbf{N}$ 个 Agent, $A = \{a_1, \cdots, a_n\}$; $m \in \mathbf{N}$ 个待求解的任务, $T = \{t_1, \cdots, t_m\}$。

对于 $\forall t_j \in T, j = 1, \cdots, m$ 都有一个 $r \in \mathbf{N}$ 种资源需求向量, $\boldsymbol{D}_j = [d_1^j, \cdots, d_r^j]$。其中, $d_k^j, k = 1, \cdots, r$ 为一个非负整数,表示任务 t_j 在第 k 种资源上的需求量。

对于 $\forall a_i \in A, i = 1, \cdots, n$ 具有 r 种初始资源, $B_i = [b_1^i, \cdots, b_r^i]$。其中, b_k^i 为一个非负整数,表示 a_i 拥有的第 k 种资源的量。

联盟 $C_j \subset A, C_j \neq \varnothing$,为任务 t_j 对应的求解联盟。每个 Agent 可以同时参与多个不同的联盟并贡献自己的资源。为了清晰地刻画这一现象,假设 $\forall a_i \in C_j$ 对于任务 t_j 所需要的第 k 种资源有一个实际贡献量 $w(i, j, k)$。显然, $w(i, j, k)$ 为一个非负整数,且满足 $0 \leqslant w(i, j, k) \leqslant b_k^i$。值得注意的是,如果 a_i 没有加入联盟 C_j,则 $w(i, j, k) = 0$。此时,联盟 C_j 也具有 r 种资源, $B_{C_j} = [b_1^{C_j}, b_2^{C_j}, \cdots, b_r^{C_j}]$,为 C_j 中所有成员为了满足任务 t_j 所贡献的资源量总和,也就是任务 t_j 的资源需求量,即对 $k \in \{1, \cdots, r\}$,有 $b_k^{C_j} = \sum_{i=1}^{n} w(i, j, k) = d_k^j$。还需要注意的是, a_i 对所有任务的实际资源贡献之和不应该超过其资源初始总量,否则就会产生资源冲突,即要想避免资源冲突,就必须满足对 $k \in \{1, \cdots, r\}$,有 $\sum_{j=1}^{m} w(i, j, k) \leqslant b_k^i$。另外,对于 $a_i \in A$,有 r 种剩余资源 $P_i =$

$[p_1^i, p_2^i, \cdots, p_r^i]$，其中，$p_k^i$ 为一个非负整数，满足 $0 \leqslant p_k^i \leqslant b_k^i$，表示 a_i 参与某些联盟后剩余的第 k 种资源量。即对 $k \in \{1, \cdots, r\}$，有 $p_k^i = b_k^i - \sum\limits_{j=1}^{m} w(i, j, k)$，显然，如果 a_i 没有参与任何联盟，则 $P_i = B_i$。

和惯例一样，联盟 C_j 的值计算同 1.3.2 小节式(1.1)。

一般来说，对于给定的 m 个任务 $t_1, \cdots, t_m$，最多需要 m 个求解联盟 $C_1, \cdots, C_m$。重叠联盟结构生成问题就是在给定的约束条件式(4.2)下，尽可能地划分出 m 个任务求解联盟 $C_1, \cdots, C_m$，使得联盟结构值达到最大，这是一个典型的 NP 完全问题。[38]

$$v_{\mathrm{MAS}} = \sum_{j=1}^{m} v(C_j) \tag{4.1}$$

$$\sum_{i=1}^{n} b_k^i \geqslant \sum_{j=1}^{m} d_k^j, \quad k \in \{1, \cdots, r\} \tag{4.2}$$

4.4　重叠联盟结构生成算法

4.4.1　差分进化

差分进化是一种模拟生物进化的随机搜索算法。[111-112]不同于其他的进化算法的是，DE 保留了基于种群的全局搜索策略，一般采用实数编码以及基于差分的简单变异操作和一对一的竞争生存策略。通过反复迭代，使得那些适应环境的个体被保存下来，从而降低了算法的复杂性。此外，具有特有的记忆能力的 DE 可以通过动态跟踪当前的搜索情况，随时调整它的搜索策略。因而 DE 算法的全局收敛能力和鲁棒性比较强，特别适合求解一些复杂优化问题。DE 算法具体执行过程见 2.2.4 小节。

4.4.2　三维整数编码

由于已有的文献[26-28]基本上都采用二维二进制编码表示重叠联盟的生成，这种编码只能表示每个任务形成的联盟由哪些 Agent 组成，但具体每个 Agent

在每种资源上对每个任务实际贡献量的多少并没有反映出来。文献[29]采用二维二进制和整数混合编码,虽然也能表示每个 Agent 在每种资源上对每个任务的实际贡献量,但编码过于复杂。为此,本章将 DE 扩充到三维整数编码,编码的每一位就表示每个 Agent 在每个任务中每种资源的实际贡献量,其中,i 轴表示 Agent,j 轴表示任务,k 轴表示资源,如图 4.1 所示。

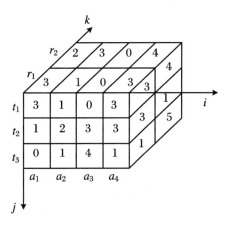

图 4.1　三维整数编码

为了组成初始种群,编码中的每一位根据给定的条件进行随机初始化,对 $i \in \{1, \cdots, n\}$,$j \in \{1, \cdots, m\}$ 和 $k \in \{1, \cdots, r\}$,执行

$$w(i, j, k) \leftarrow \text{rand}[0, \min(b_k^i, d_k^j)] \tag{4.3}$$

其中,$\text{rand}[0, \min(b_k^i, d_k^j)]$ 表示取 0 到 $\min(b_k^i, d_k^j)$ 之间的随机数。

在上述编码中,对于每个任务求解联盟来说,只要在 k 轴的某一位上出现联盟中所有成员贡献之和小于任务的需求,则该联盟即是一个无效联盟;即使该联盟是有效的,一旦联盟拥有的资源超过了任务的需求,此时任务虽然能完成,但会造成 Agent 资源的浪费;而且对于每个 Agent 来说,只要在 k 轴的某一位上出现 Agent 的资源贡献总量超过了其自身的拥有量,这时就会产生资源冲突。为此,我们需要对编码进行适当的修正,以确保每个任务求解联盟恰好可以满足任务需求,同时不会出现资源冲突。

4.4.3　编码修正

为了有效地避免资源冲突,当一个 Agent 被选中加入一个联盟,它能向该联盟贡献的资源量不应该大于其当前的资源拥有量。同时,我们需要计算该

Agent 在这个联盟中的实际贡献量以及它的剩余资源量,以便该 Agent 通过剩余资源来参与其他联盟。一旦该 Agent 没有任何剩余资源,它将不再响应其他任务的请求。基于上述思想,编码修正策略主要步骤描述如下:

(1) 初始化:$i \in \{1, \cdots, n\}$, $P_i \leftarrow B_i$, $j \in \{1, \cdots, m\}$, $C_j \leftarrow \varnothing$, $B_{C_j} \leftarrow 0$。

(2) 在 j 轴上随机选择一个未曾检查过(即没有评估过的)的基因位,对应联盟 C_j。依次遍历 i 轴和 k 轴上的每一位,如果 $d_k^j = 0$,则任一 $w(i,j,k) \leftarrow 0$。如果 $d_k^j > 0$ 且 $w(i,j,k) > 0$,则将 a_i 加入联盟 C_j,同时更新 B_{C_j} 和 P_i 的值,即

$$\begin{cases} C_j \leftarrow C_j \bigcup \{a_i\} \\ b_k^{C_j} \leftarrow b_k^{C_j} + w(i,j,k) \\ p_k^i = p_k^i - w(i,j,k) \end{cases} \tag{4.4}$$

(3) 再次遍历 k 轴上的每一位:

① 如果 $b_k^{C_j} < d_k^j$,则联盟 C_j 不能满足 t_j 在第 k 种资源上的需求。此时,依次选择 C_j 成员中最大的 $p_k^{i^*}$,执行

$$\begin{cases} \vec{w}(i^*,j,k) \leftarrow \min(p_k^{i^*}, d_k^j - b_k^{C_j}) + w(i^*,j,k) \\ p_k^{i^*} \leftarrow p_k^{i^*} - \min(p_k^{i^*}, d_k^j - b_k^{C_j}) \\ b_k^{C_j} \leftarrow b_k^{C_j} + \min(p_k^{i^*}, d_k^j - b_k^{C_j}) \end{cases} \tag{4.5}$$

直到满足 $b_k^{C_j} = d_k^j$ 或者没有可用的 $p_k^{i^*}$。如果 C_j 中所有成员遍历完仍然存在 $b_k^{C_j} < d_k^j$,则在 i 轴上遍历所有的 $w(i,j,k) = 0$ 但 $p_k^i > 0$ 的基因位,依次从中选择最大的 p_k^i,执行

$$\begin{cases} \vec{w}(i,j,k) \leftarrow \min(p_k^i, d_k^j - b_k^{C_j}) \\ p_k^i \leftarrow p_k^i - \vec{w}(i^*,j,k) \\ b_k^{C_j} \leftarrow b_k^{C_j} + \vec{w}(i,j,k) \\ C_j \leftarrow C_j \bigcup \{a_i\} \end{cases} \tag{4.6}$$

直到满足 $b_k^{C_j} = d_k^j$。

② 如果 $b_k^{C_j} > d_k^j$,则联盟 C_j 能满足 t_j 在第 k 种资源上的需求,但存在资源浪费。此时,依次选取 C_j 成员中最小的 $w(i^*,j,k) > 0$,执行

$$\begin{cases} \vec{w}(i^*,j,k) \leftarrow \max[0, d_k^j + w(i^*,j,k) - b_k^{C_j}] \\ p_k^{i^*} \leftarrow p_k^{i^*} + \min[b_k^{C_j} - d_k^j, w(i^*,j,k)] \\ b_k^{C_j} \leftarrow b_k^{C_j} - \min[b_k^{C_j} - d_k^j, w(i^*,j,k)] \end{cases} \tag{4.7}$$

直到满足 $b_k^{C_j} = d_k^j$。

（4）依次遍历 i 轴和 k 轴上的每一位，如果 $\sum\limits_{k=1}^{r} w(i,j,k) = 0$ 且 $a_i \in C_j$，则让 a_i 退出联盟 C_j，即 $C_j \leftarrow C_j - \{a_i\}$。

（5）如果 j 轴上所有的基因位都已遍历过，则退出编码修正，否则转到（2）。

需要指出的是，在（2）中，首先遍历和统计所有 $w(i,j,k) > 0$ 的基因位，这是为了尽量保留编码原有的进化趋势和特征，确保算法的收敛。在（3）中，当联盟 C_j 不能满足 t_j 在第 k 种资源上的需求时，首先依次评估 C_j 成员中最大的可用 $p_k^{i^*}$，如果 C_j 仍然无效，再依次挑选 C_j 外最大的可用 p_k^i，这样操作的目的是让资源充沛的 Agent 尽可能地贡献资源，从而尽量减少其他 Agent 加入联盟的概率，限制联盟规模的增加，控制联盟的通信成本，防止联盟收益快速下降，同时又能在一定程度上减少修正次数，节省计算开销；当联盟 C_j 的资源拥有量超过 t_j 在第 k 种资源上的需求时，依次评估 C_j 成员中最小的非零 $w(i^*,j,k)$，这是因为最小的 $w(i^*,j,k)$ 退出任务的概率最大，从而可以在一定程度上促使 Agent 退出联盟，减小联盟规模和通信成本，继而增加联盟收益。而且在（2）和（3）中所有基因位的选取均是采用随机抽样的方式，以保证种群的多样性。

此外，上述编码修正策略还具有如下性质：

命题 1　编码修正算法的时间复杂度至多为 $o(m \times n \times r)$。

证明　在上述修正策略中，首先，很容易看出（2）的时间复杂度至多为 $o(m \times n \times r)$。其次，在（3）中，每个联盟上的每一维资源都需要检查，如果 $b_k^{C_j} < d_k^j$，最恶劣的情形是需要把 C_j 外所有的 Agent 拉入才能满足 t_j 的需求，即至多需要遍历 n 个 Agent，因此，其时间复杂度至多为 $o(m \times n \times r)$。如果 $b_k^{C_j} > d_k^j$，最恶劣的情形是 $C_j = A$ 且修正后只需保留一个 Agent 仍然能满足 t_j 的需求，即至多需要遍历 $n-1$ 个 Agent，所以其时间复杂度也是 $o(m \times n \times r)$。最后，（4）需要判断 Agent 在所有联盟中的实际贡献量，其时间复杂度至多为 $o(m \times n \times r)$。综上，编码修正策略的时间复杂度至多为 $o(m \times n \times r)$。

命题 2　在满足式（4.2）的前提下，任意一个 $m \times n \times r$ 的三维整数编码都能被本章的修正策略修正为一个合法编码。

证明　在本章修正策略中，根据（3）的计算方法可以保证修正后的 C_{j^*} 恰好可以满足 t_{j^*} 的需求，即 $B_{C_{j^*}} = D_{j^*}$。因此，在修正下一个联盟时，满足

$$\sum_{i=1}^{n} b_k^i - B_{C_{j^*}} \geqslant \sum_{j=1}^{m} d_k^j - D_{j^*}, \quad k = 1, \cdots, r \tag{4.8}$$

由上述条件可知,系统中 Agent 的剩余资源总量仍然能够满足其他任务的需求,从而可以确保下一个联盟也能被修正为一个有效联盟,依此类推,所有联盟都能被修正为有效联盟而不会有资源冲突,因此,本章修正策略在式(4.2)条件下可以确保每个编码都能修正为一个合法编码。

4.4.4　算法描述

基于差分进化和编码修正的重叠联盟结构生成算法如图 4.2 所示,具体描述如下:

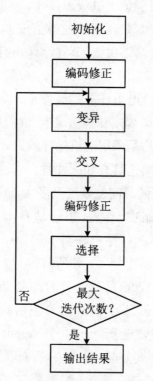

图 4.2　重叠联盟结构生成算法流程图

(1) 按照 4.4.2 节的方法随机产生第一代种群。

(2) 按照 4.4.3 节的方法对初始种群进行编码修正,并根据式(4.1)计算种群中每个个体的适应度值。

(3) 对修正过的初始种群进行变异和交叉操作产生试验种群。

(4) 按照 4.4.3 节的方法对试验种群进行编码修正,并根据式(4.1)计算每个个体的适应度值。

（5）根据适应度值对试验种群和初始种群进行选择，生成下一代初始种群。

（6）如果已经达到最大迭代次数，则结束算法并输出结果，否则转到（3）。

在上述算法中，在变异和交叉前必须对初始种群进行编码修正，以确保每个个体都是有效的，因为无效个体的进化会大大降低算法的效率[28]；同样，对产生的试验种群在选择前也必须进行编码修正，以保证选择操作的有效性。

4.5 对比实验与分析

为了验证本章算法的性能，将本章算法与文献[28]和文献[29]的算法进行对比实验。本章算法参数为：缩放因子 $F = 0.6$，交叉概率 $Cr = 0.9$。为了对比的公平性，笔者沿用了上述两个文献的算法参数，并分别在两种实验环境下进行：在实验环境 1 中，所有 Agent 拥有的资源总量恰好等于所有任务的资源需求总量，即 $\sum_{i=1}^{n} b_k^i = \sum_{j=1}^{m} d_k^j, k = 1, \cdots, r$。在实验环境 2 中，所有 Agent 拥有的资源总量大于所有任务的资源需求总量，即 $\sum_{i=1}^{n} b_k^i > \sum_{j=1}^{m} d_k^j, k = 1, \cdots, r$。

在每种实验环境中，各测试案例均根据预先设定的阈值随机生成，由于本章采用差分进化算法作为实验平台，为了公平性，实验中对比编码修正时间，不是总的时间消耗。为了更加充分说明算法的性能，实验从不同的问题参数进行，分别考虑 Agent 个数、任务个数和资源种数的变化进行测试，并在 AMD A8 CPU、内存 4G、操作系统 Windows 7 的个人计算机上独立运行 30 次。

本章首先求取 30 次实验的平均值并画图对比，为了突出 3 种算法的差异性，然后又采用统计假设检验对结果进行统计分析。对于联盟结构值，笔者给出了联盟结构值的均值和标准差，并基于 Wilcoxon Rank Sum 检验（0.05 的显著性水平）和 Bonferroni 校正[121]进行显著性分析，用黑体标出差异显著的最佳均值；对于修正策略耗费时间，笔者采用平均编码修正时间及其 95% 置信区间（s）。

4.5.1　Agent 个数的影响

为了检查 3 种算法对 Agent 个数的敏感性,在第一个实验中,$m = 4$,$r = 2$,n 从 16 依次增加到 30。

图 4.3 和表 4.1 分别给出了 3 种算法在两种实验环境中不同 n 时的平均联盟结构值和联盟结构值(均值 ± 标准差)。总的来说,本章算法在两种环境中得到的联盟结构值均要优于文献[28]和[29]的算法。在实验环境 1 中,随着 n 的增加,3 种算法的联盟结构值呈快速下降趋势。这是因为所有 Agent 拥有的资源和是不变的,随着 n 的增加,每个 Agent 拥有的资源就会减少,这样完成每个任务需要的 Agent 个数就会增加,随着 Agent 个数的增加,每个任务的求解联盟规模越来越大,导致总通信成本越来越高,从而降低了联盟结构值。值得注意的是,当 $n \leqslant 20$ 时,文献[29]的算法得到的联盟结构值要好于文献[28]的算法,但当 $n \geqslant 22$ 时,文献[29]的算法性能下降较快。正如前面所分析的那样,文献[29]将有效联盟的剩余资源转移给联盟成员,改变了 Agent 的初始资源向量,导致解空间发生变化,而环境的动态变化会降低优化算法的性能[122],因此,文献[29]的算法很不稳定。而本书算法根据实际分配的资源情况表示联盟中的 Agent 成员,这样系统收益均比其他两种算法好。在实验环境 2 中,Agent 资源充足,只要部分 Agent 就可以完成任务,随着 n 的增加,3 种算法都尽量选取通信成本低的 Agent 加入联盟完成任务,这样系统收益都会增加,因此环境 2 中联盟结构值比环境 1 好。随着 Agent 个数的增加,系统资源越来越

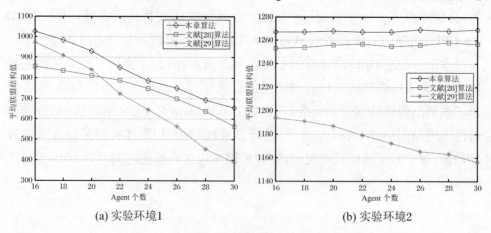

(a) 实验环境1　　　　　　　　　(b) 实验环境2

图 4.3　3 种算法在不同 n 时的平均联盟结构值

充沛,本章算法和文献[28]算法所得的联盟结构值相对比较稳定,而文献[29]算法会改变解空间,所得联盟结构值缓慢下降。

表 4.1 3 种算法在不同 n 时的联盟结构值(均值 ± 标准差)

n	实验环境 1			实验环境 2		
	本章算法	文献[28]	文献[29]	本章算法	文献[28]	文献[29]
16	1026 ± 27	857 ± 12	966 ± 26	1265 ± 4	1253 ± 5	1193 ± 11
18	984 ± 29	832 ± 9	916 ± 29	1266 ± 4	1253 ± 5	1192 ± 10
20	932 ± 30	812 ± 6	858 ± 33	1267 ± 4	1255 ± 5	1183 ± 9
22	860 ± 23	790 ± 7	742 ± 18	1265 ± 3	1255 ± 3	1183 ± 14
24	789 ± 35	749 ± 7	658 ± 32	1271 ± 5	1257 ± 5	1170 ± 13
26	751 ± 39	698 ± 15	554 ± 30	1269 ± 4	1256 ± 4	1165 ± 13
28	684 ± 44	638 ± 11	474 ± 35	1268 ± 3	1257 ± 4	1161 ± 9
30	649 ± 36	561 ± 12	372 ± 35	1270 ± 5	1258 ± 6	1153 ± 10

不同的演化算法具有不同的进化特征和操作,因此直接对比本章算法和文献[28]、[29]算法的运行时间有失公允,不能正确反映各算法的效率,为此,图 4.4 和表 4.2 分别给出了 3 种算法在两种实验环境中不同 n 时的平均编码修正时间和编码修正时间(均值 ± 95% 置信区间,s)。总体来看,3 种算法在两种实验环境中的编码修正时间都会随着 n 的增加而增多,但文献[29]算法明显增加得更快,而且本章算法和文献[28]算法耗费时间较为接近但明显快于文献[29]算法,可见文献[29]算法对 n 更加敏感,这是因为文献[29]算法的编码修

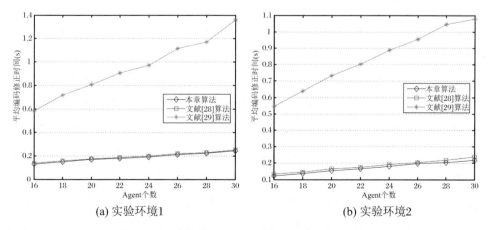

(a) 实验环境1   (b) 实验环境2

图 4.4 3 种算法在不同 n 时的平均编码修正时间

正包含很多冗余的裁减操作来判断联盟中哪些成员可以剔除出联盟,增加了算法的时间复杂度。而本书算法和文献[28]算法均增加得比较慢,表明 n 的变化对这两种算法影响不大。另外,实验环境 2 的编码修正时间比实验环境 1 好,这是由于实验环境 2 资源充足,编码修正次数肯定会减少,从而会降低编码修正时间。

表 4.2　3 种算法在不同 n 时的编码修正时间(均值 ± 95% 置信区间,s)

n	实验环境 1			实验环境 2		
	本章算法	文献[28]	文献[29]	本章算法	文献[28]	文献[29]
16	0.131 ± 0.004	0.137 ± 0.005	0.584 ± 0.015	0.122 ± 0.005	0.135 ± 0.005	0.543 ± 0.015
18	0.149 ± 0.006	0.153 ± 0.007	0.716 ± 0.022	0.138 ± 0.008	0.146 ± 0.010	0.638 ± 0.020
20	0.165 ± 0.008	0.172 ± 0.008	0.808 ± 0.017	0.154 ± 0.009	0.167 ± 0.011	0.731 ± 0.023
22	0.177 ± 0.008	0.184 ± 0.007	0.907 ± 0.025	0.167 ± 0.010	0.176 ± 0.009	0.805 ± 0.020
24	0.189 ± 0.006	0.201 ± 0.009	0.971 ± 0.017	0.181 ± 0.012	0.191 ± 0.014	0.888 ± 0.023
26	0.211 ± 0.011	0.223 ± 0.012	1.117 ± 0.019	0.201 ± 0.013	0.205 ± 0.013	0.954 ± 0.025
28	0.225 ± 0.008	0.230 ± 0.008	1.174 ± 0.023	0.208 ± 0.014	0.218 ± 0.009	1.047 ± 0.022
30	0.241 ± 0.008	0.249 ± 0.006	1.361 ± 0.024	0.221 ± 0.008	0.243 ± 0.009	1.081 ± 0.024

4.5.2　任务个数的影响

在第二个实验中,我们测试任务个数的变化对 3 种算法的性能影响。其中, $n = 10$, $r = 2$, m 从 6 依次增加到 20。

图 4.5 和表 4.3 分别给出了 3 种算法在两种实验环境中不同 m 时的平均联盟结构值和联盟结构值(均值 ± 标准差)。如图 4.5 和表 4.3 所示,随着 m 的增加,3 种算法得到的总收益均呈快速上升趋势,这是因为任务的增加带来了更多的报酬,而 Agent 个数不变,所以总的通信成本有限。在实验环境 1 中,本章算法与文献[29]算法差距不大,但明显好于文献[28]算法。这是因为随着 m 的增加,文献[28]算法中虚拟联盟的规模越来越大,导致后续联盟的通信成本越来越高,影响了联盟的优越性,而本章算法和文献[29]算法都可以有效裁减联盟规模,控制通信成本的增加。在实验环境 2 中,当 $m \leqslant 10$ 时,3 种算法的联盟结构值很接近,当 $m \geqslant 12$ 时,文献[28]算法的结果越来越不如本章算法和文献[29]算法。这是因为 Agent 不变,系统总资源始终保持不变, m 较小时,

系统资源相对比较充分,文献[28]算法中虚拟联盟被使用的概率较小,随着 m 的增加,系统资源越来越紧张,需要引入虚拟联盟才能满足后续任务的需求,导致后续联盟的收益较小。

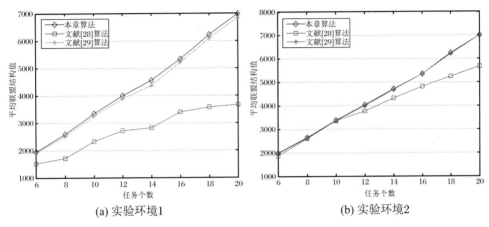

(a) 实验环境1　　　　　　　　　　(b) 实验环境2

图 4.5　3 种算法在不同 m 时的平均联盟结构值

表 4.3　3 种算法在不同 m 时的联盟结构值(均值 ± 标准差)

m	实验环境 1			实验环境 2		
	本章算法	文献[28]	文献[29]	本章算法	文献[28]	文献[29]
6	1943 ± 8	1527 ± 158	1899 ± 15	1992 ± 8	1836 ± 152	1974 ± 11
8	2593 ± 8	1716 ± 3	2524 ± 17	2645 ± 5	2596 ± 134	2617 ± 18
10	3345 ± 8	2324 ± 159	3253 ± 14	3387 ± 4	3352 ± 134	3364 ± 16
12	3984 ± 6	2760 ± 104	3868 ± 15	4030 ± 5	3767 ± 25	3990 ± 14
14	4670 ± 7	2800 ± 108	4553 ± 17	4717 ± 8	4214 ± 20	4700 ± 24
16	5323 ± 8	3406 ± 154	5185 ± 13	5358 ± 6	4712 ± 32	5347 ± 18
18	6220 ± 6	3637 ± 103	6076 ± 16	6258 ± 5	5131 ± 34	6244 ± 32
20	6978 ± 8	3675 ± 34	6813 ± 17	7009 ± 6	5554 ± 24	6991 ± 23

图 4.6 和表 4.4 分别给出了 3 种算法在两种实验环境中不同 m 时的平均编码修正时间和编码修正时间(均值 ± 95% 置信区间,s)。随着 m 的增加,两种环境下,3 种算法的平均编码修正时间都会增加,但无论是在实验环境 1 还是在实验环境 2 下,本章算法和文献[28]算法差距不大,但明显快于文献[29]算法。文献[29]算法的平均编码修正时间在两种环境下都增加得比较快,本章算法和文献[28]算法随着 m 的增加在两种实验环境下都增加得比较慢。因

此,文献[29]算法对 m 比较敏感。这是因为文献[29]算法需要对每个任务的求解联盟进行反复裁减,m 越大,用于裁减操作的计算开销越大。

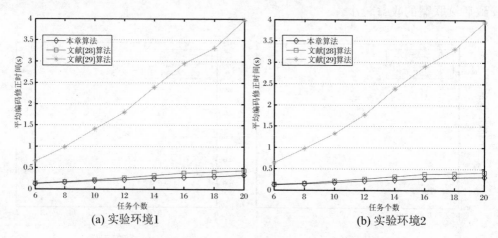

(a) 实验环境1　　　　　　　　　　　　　　(b) 实验环境2

图 4.6　3 种算法在不同 m 时的平均编码修正时间

表 4.4　3 种算法在不同 m 时的编码修正时间(均值 ± 95% 置信区间,s)

m	实验环境 1			实验环境 2		
	本章算法	文献[28]	文献[29]	本章算法	文献[28]	文献[29]
6	0.121 ± 0.008	0.135 ± 0.009	0.685 ± 0.016	0.116 ± 0.006	0.132 ± 0.008	0.619 ± 0.011
8	0.164 ± 0.009	0.178 ± 0.009	1.012 ± 0.022	0.149 ± 0.008	0.166 ± 0.008	0.940 ± 0.022
10	0.209 ± 0.011	0.236 ± 0.011	1.406 ± 0.021	0.174 ± 0.010	0.209 ± 0.009	1.310 ± 0.009
12	0.232 ± 0.015	0.269 ± 0.014	1.839 ± 0.036	0.209 ± 0.012	0.246 ± 0.013	1.727 ± 0.016
14	0.253 ± 0.014	0.323 ± 0.014	2.386 ± 0.064	0.239 ± 0.014	0.303 ± 0.014	2.199 ± 0.008
16	0.275 ± 0.015	0.360 ± 0.015	2.821 ± 0.027	0.271 ± 0.015	0.351 ± 0.015	2.703 ± 0.032
18	0.301 ± 0.009	0.413 ± 0.008	3.482 ± 0.037	0.296 ± 0.011	0.371 ± 0.011	3.134 ± 0.719
20	0.338 ± 0.018	0.448 ± 0.018	4.079 ± 0.132	0.308 ± 0.007	0.414 ± 0.008	3.906 ± 0.037

4.5.3　资源种数的影响

在最后的实验中,我们测试资源种数的变化对 3 种算法的性能影响。其中,$n = 10$,$m = 4$,r 从 2 依次增加到 12。

图 4.7 和表 4.5 分别给出了 3 种算法在两种实验环境中不同 r 时的平均联盟结构值和联盟结构值(均值 ± 标准差)。由图 4.7 和表 4.5 可见,本章算法

得到的联盟结构值要略好于文献[28]和文献[29]算法,但随着 r 的增加,3 种算法在两种环境下的总收益均呈显著下降趋势。这是因为随着 r 的增加,资源成本不断加大,而任务报酬不变,Agent 间总的通信成本也有限,导致联盟收益越来越小,最后趋于 0。当资源成本增加到一定的时候,即任务报酬小于或等于资源成本和通信成本之和时,系统收益就为 0。此外可以看出 3 种算法得到的总收益在实验环境 1 中的下降趋势明显要比在实验环境 2 中快,说明在第一种环境下,联盟收益受 r 影响更大。这是因为在实验环境 1 中所有 Agent 都必须参与任务,其对应的联盟规模较大,从而带来额外的通信成本。

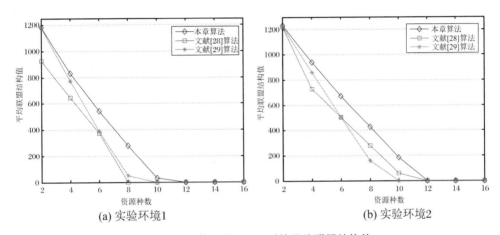

(a) 实验环境1　　　　　　　　　　(b) 实验环境2

图 4.7　3 种算法在不同 r 时的平均联盟结构值

表 4.5　3 种算法在不同 r 时的联盟结构值(均值 ± 标准差)

r	实验环境 1			实验环境 2		
	本章算法	文献[28]	文献[29]	本章算法	文献[28]	文献[29]
2	1181 ± 18	925 ± 18	1176 ± 11	1232 ± 9	1194 ± 124	1223 ± 5
4	831 ± 25	647 ± 119	775 ± 15	939 ± 20	728 ± 1	871 ± 21
6	557 ± 29	468 ± 23	391 ± 23	680 ± 19	505 ± 2	498 ± 22
8	293 ± 37	75 ± 114	43 ± 32	421 ± 30	282 ± 2	154 ± 16
10	33 ± 26	0 ± 0	0 ± 0	164 ± 22	59 ± 2	0 ± 0
12	0 ± 0	0 ± 0	0 ± 0	0 ± 0	0 ± 0	0 ± 0

图 4.8 和表 4.6 分别给出了 3 种算法在两种实验环境中不同 r 时的平均编码修正时间和编码修正时间(均值 ± 95% 置信区间,s)。由图 4.8 和表 4.6 可见,随着 r 的增加,3 种算法在两种环境下的平均编码修正时间都会增加,且总体来看,本章算法与文献[28]算法差距不大,但要明显快于文献[29]算法。

文献[29]算法的平均编码修正时间在两种环境下都增加得比较快。因此,文献[29]算法对 r 比较敏感。这是因为文献[29]算法中的联盟裁减操作需要遍历每一维资源。

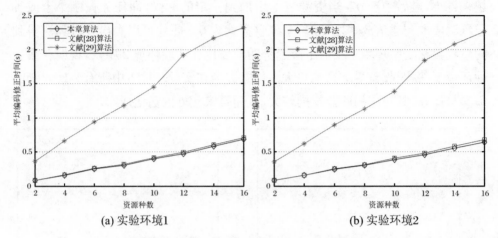

(a) 实验环境1   (b) 实验环境2

图 4.8　3 种算法在不同 r 时的平均编码修正时间

表 4.6　3 种算法在不同 r 时的编码修正时间(均值±95%置信区间,s)

r	实验环境 1			实验环境 2		
	本章算法	文献[28]	文献[29]	本章算法	文献[28]	文献[29]
2	0.084 ± 0.008	0.086 ± 0.012	0.367 ± 0.009	0.083 ± 0.009	0.085 ± 0.007	0.352 ± 0.014
4	0.159 ± 0.006	0.163 ± 0.006	0.664 ± 0.014	0.155 ± 0.006	0.160 ± 0.008	0.618 ± 0.008
6	0.249 ± 0.011	0.257 ± 0.009	0.938 ± 0.012	0.244 ± 0.011	0.254 ± 0.009	0.892 ± 0.007
8	0.306 ± 0.009	0.316 ± 0.009	1.184 ± 0.011	0.298 ± 0.012	0.308 ± 0.010	1.128 ± 0.029
10	0.399 ± 0.009	0.415 ± 0.009	1.452 ± 0.007	0.382 ± 0.007	0.410 ± 0.006	1.386 ± 0.039
12	0.471 ± 0.007	0.491 ± 0.007	1.914 ± 0.023	0.453 ± 0.013	0.482 ± 0.011	1.832 ± 0.041

综上,文献[29]算法对 m,n,r 3 个参数均比较敏感,且所得联盟结构值不稳定。因此,文献[29]算法只适合于小样本下的联盟形成问题。本章算法和文献[28]算法对 m,n,r 3 个参数均不敏感,但文献[28]算法在实验环境 1 中得到的联盟结构值明显不如本章算法,说明文献[28]算法只适用于资源非常充分的情景,而本章算法更加具有鲁棒性,在两种实验环境中均有较佳的表现。

需要说明的是,文献[28]算法和文献[29]算法都是根据任务的优先级进行编码修正的,实验中假设 $t_1<t_2<t_3<t_4$,而本章算法是随机选取某一个任务进行编码修正,不是根据优先级进行选取的。

本 章 小 结

为了更加有效地挖掘重叠联盟,本章提出了一种基于差分进化和编码修正的重叠联盟结构生成算法。通过对相关工作的总结和分析,基于差分进化设计了一种新的三维整数编码,这里整数就表示实际分配的资源数,以便更加直观地表示每个 Agent 对每个任务在每种资源上的实际贡献量,并设计了相应的编码修正策略,以确保任何一个无效编码都能被快速修正为一个有效编码,解决了多联盟竞争同一资源时可能存在的资源冲突问题。通过与最近已有工作的对比实验和分析,本章算法在编码修正耗时和联盟结构值上均要优于已有算法。

第5章 面向并发多任务的重叠联盟效用分配策略

在多 Agent 系统中,重叠联盟效用分配是重叠联盟形成的一个关键问题,合理地分配效用既是联盟形成的重要基础,又是联盟稳定性的重要保证,进而促进任务的顺利完成以获得更多收益。本章提出了多任务并发的重叠联盟效用分配策略,首先对多个并发任务进行并行分派,任务分派时不能出现资源冗余,然后根据任务分派的情况划分重叠联盟的效用,在新 Agent 加入联盟时如何划分其带来的额外效用是本章研究的关键问题。

5.1 引　言

在多 Agent 系统中,由于单个 Agent 没有足够的资源,很难或不可能完成某个任务而不得不和其他 Agent 进行合作形成联盟,这样可以提高单个 Agent 求解问题的能力以及整个系统完成任务的效率,从而可以获得更多效用。

一般来说,联盟形成主要包含联盟结构生成[57-61]、联盟值计算[123-124]和效用分配[125-126]。其中,联盟的效用分配是联盟形成的一个难点问题,合理地效用分配可以保证联盟的稳定性,促进联盟的形成。效用分配一般是和联盟中每个 Agent 贡献相匹配的,Agent 在某个联盟中贡献的资源多,获得效用就多;反之,获得效用就少,因此,效用分配一般是根据按劳分配的原则进行的。在多 Agent 系统中,为了快速高效地完成任务,Agent 间通常进行合作,形成一个联盟共同完成任务。Agent 间合作形成联盟可以快速完成任务,这样可以提高系统的效益,从而每个 Agent 也可以从中获得较多的收益。然而,每个 Agent 一般都是自利的,都想从参与的联盟中获得较高的收益,所以每个 Agent 都比较关心其参与联盟的效用是如何分配的。

近年来关于联盟效用分配的研究大多数都是针对非重叠联盟,即要求任意时刻每个 Agent 都只能加入一个联盟。在有关非重叠联盟效用分配的研究方法中,Shapley 值的划分方案是一种常用的方法,即定义某个 Agent 应得到的效用等于该 Agent 在联盟形成随机次序中贡献的效用增量与该次序概率的加权平均值。[33]Shapley 值划分方案的不足之处是一般只能求得存在符合条件的解,这样联盟的稳定性就不能得到保证。在重叠联盟中,一个 Agent 同时参与了多个不同的联盟,那么它就会将它自身的资源同时分配给多个不同的联盟。各个联盟完成了任务、获得了效益,如何划分给参与的 Agent 是一个相当棘手的难题,因为效用分配的不公会打击 Agent 的积极性和联盟的稳定性,这样不同的资源分配形式就决定了不同的效用分配结果。为此,张国富等提出了一种基于讨价还价的重叠联盟效用划分策略,这为重叠联盟效用分配提供了一种尝试,但本书中的效用分配策略只能对多个任务依次串行进行分配。[38]

目前业界对于联盟效用分配研究这个领域,更多地侧重于非重叠联盟效用分配的研究,而对于重叠联盟效用分配问题的探索,则就不是很明显。同样,业界对此成因也做过分析,有以下三大方面的因素:

(1) 资源冲突问题。我们知道重叠联盟不同于非重叠联盟的地方是它能允许一个 Agent 同时参与多个联盟,不同于非重叠联盟的唯一性。那么当这个同时参与多个联盟的 Agent 本身资源有限,不能满足多个任务求解联盟,在联盟中出现你争我抢的情形时,势必因这样的资源冲突导致联盟死锁,甚至系统崩溃。所以解决的重点在于规避资源冲突。

(2) 实际贡献问题。这里首先要基于公平,肯定并明确每个 Agent 的实际资源贡献量,这样根据一个 Agent 在多个联盟的实际贡献量判断给其相应价值的效用,同时要想求解联盟的任务完成,则必须要求每个任务需要的资源量恰好等于参与联盟的所有 Agent 提供的实际资源贡献量之和。

(3) 单位效用问题。在肯定 Agent 的实际贡献值时,因其参与的任务不同,任务本身的各维能力权重也不尽相同,最终任务完成后,其获得的效用也不一样。那么确定不同任务的单位效用因子则必须合理有效,这样才能保证重叠联盟的分配公平合理。

5.2　相关工作的分析

　　在多 Agent 系统中,Agent 间是互相联系的,而不是孤立的,每个 Agent 具有有限的资源和能力,这样 Agent 间需要理性选择加入合作联盟。所谓理性就是 Agent 在选择加入某个联盟时,如何使得做出的选择保证整体和个人效益达到最大化。总的来说,理性 Agent 一般通过理性化的考虑,选择加入合适的联盟,但其也是唯利是图和贪婪自私的,都想从联盟中获得更多利益。因此理性 Agent 间更乐意组成联盟,从而提高系统整体效益而获得更多的报酬。

　　联盟一旦形成,如何分配联盟所获得的效用给参与联盟中每个 Agent 是联盟效用分配的关键问题。合理公平地分配效用很关键,如果分配不公会导致某些 Agent 中途退出联盟,从而导致形成的联盟解散而不稳定,要保证联盟稳定地进行,效用分配一定要公平合理。

　　Agent 间的合作可以提高任务完成的效率,从而获得额外效用,Agent 为了获得更多的效用,会和其他 Agent 协作形成联盟完成任务。应避免单个 Agent 独揽任务,一般都约定单个 Agent 无法完成任务,这样也就得不到效用。联盟形成后,为了保证联盟的稳定性,一般都要求 Agent 中途退出联盟不能获得效用,并且规定某些 Agent 中途退出联盟而去加入新的联盟时也不能获得更多的效用。

　　现有的效用分配方案一般是根据 Shapley 值[33,127]进行划分的,即定义某个 Agent 应分得的效用等于该 Agent 在联盟形成随机次序中贡献的效用增量与该次序概率的加权平均值:

$$u_i = \sum_{C \subset A, i \notin C} \frac{(n - |C| - 1)! \cdot |C|!}{n!} (v(C \cup \{i\}) - v(C)) \quad (5.1)$$

Shapley 值方法的缺点很难保证解是全局最优的,而且其计算量与联盟中 Agent 的个数成指数关系($O(2^n)$),在具体联盟形成过程中忽略了各 Agent 的不同的行为,导致整体效用增加时联盟中各个成员的效用反而下降,这样联盟就不稳定。

　　通过邮递员问题的思想,Zoltkin 和 Rosenschein 提出了一种效用分配方案。[128-129]假设 3 个 Agent(用 a_1, a_2, a_3 表示)分别沿一条路线承担投递邮件的

任务,它们共同完成整个任务获得的报酬分别为 $v(\{a_i\}|i=1,2,3)=0$, $v(\{a_i,a_j\}|i\neq j)=4$, $v(\{a_1,a_2,a_3\})=5$。为了分配完成任务获得的报酬, Zoltkin 和 Rosenschein 建议由 Agent 间的协商和投票来进行,但不能保证谈判结果一定成功。这样他们又通过对称性的 Shapley 值进行分配,结果 a_1 在全局最优解 $\{a_1,a_2,a_3\}$ 中分配的效用是 $\dfrac{5}{3}$,比局部最优解 $\{a_1,a_2\}$ 中分配的效用 2 要少。因此为了获得更高的效用,总有某两个 Agent 企图形成子联盟,导致联盟 $\{a_1,a_2,a_3\}$ 的不稳定,从而 Agent 间的协商一直处于波动状态,影响邮件的按时投递。

　　罗翊等在满足效用非减的前提下,为了获得更多的收益,通过扩大联盟规模,考虑 Pareto 改进思想的影响,形成后的联盟产生了不一致的效用,比 Shapley 值的方法更有效,但为了降低计算量,采取平均分配获得的效用,这样有失公平性,且每个 Agent 在联盟中实际贡献了多少也不能明确地表示,这种效用分配的不公严重影响其他 Agent 加入已有联盟的积极性,且把不满意效用分配的 Agent 强制留在联盟中。[34]

　　蒋建国等提出了按劳分配的效用划分,充分反映了 Agent 对于联盟贡献的差异性,但由于没有明确表示每个 Agent 在每个联盟中的具体贡献值,这样就会产生联盟死锁,且对于额外效用的分配仍然采取按劳分配方式,这样后加入的 Agent 对于联盟实际贡献了多少并不明确,且这种方式要求 Agent 一直不停地交互,通信成本开销会越来越大。[35]

　　夏娜等在满足效用非减的原则上,提出了合理地划分额外效用,维护了每个 Agent 的利益。但是缺陷也是对联盟的效用采取平均分配,而且各个 Agent 参与每个联盟的实际贡献值是多少也不明确,这样联盟中各 Agent 对于联盟的贡献是没有区别的,导致联盟的不稳定。[36]

　　张国富等提出了一种基于讨价还价的重叠联盟效用划分策略,这为重叠联盟效用分配提供了一种尝试,但此文中的效用分配策略只能对多个任务依次串行进行分配,无法实现多个并发任务的效用分配。[38]

　　效用是否公平、合理地分配直接影响 Agent 合作求解任务的积极性,保证联盟朝着稳定的方向发展,但是上述工作基本都是多个任务串行执行的,每个 Agent 在每个联盟中实际贡献了多少也不明确。而且有可能贡献得多反而获得较少的效用,这样严重打击了各个 Agent 的积极性,有可能导致有些 Agent 中途离开某个联盟,这样这个联盟就无法按时完成任务,从而不能获得效益,联盟就不稳定。针对这些问题,本章提出了一种面向并发多任务的重叠联盟效用分配策略,采取按比例分配对并发多任务并行分派,并根据任务分派情况划分重叠联盟的效用,推演一个新 Agent 申请加入联盟,满足效用非减原则的充分必要条件,从而保证联盟的稳定性。

5.3　相关概念的描述

设 MAS 中有 n 个 Agent, $A = \{a_1, \cdots, a_n\}$,有 m 个需要合作求解的任务, $T = \{t_1, \cdots, t_m\}$。

定义 5.1　对于 $\forall a_j \in A$ 具有 r 种初始资源向量 $B_j = [b_1^j, b_2^j, \cdots, b_r^j]$, $0 \leqslant b_k^j < \infty, j = 1, \cdots, n, k = 1, \cdots, r, r \in \mathbf{N}$,表示 a_j 具有 r 种资源的数量。

定义 5.2　对于 $\forall t_i \in T$ 都需要一定数量的 r 种资源 $D_i = [d_1^i, d_2^i, \cdots, d_r^i], 0 \leqslant d_k^i < \infty, i = 1, \cdots, m$。

定义 5.3　假设 C_i 为一组 Agent 构成的联盟,满足 $C_i \subset A$ 且 $C_i \neq \varnothing$。联盟 C_i 为任务 t_i 对应的求解联盟。这样,联盟 C_i 具有 r 种资源能力向量 $\boldsymbol{B}_{C_i} = [b_1^{C_i}, b_2^{C_i}, \cdots, b_r^{C_i}], b_k^{C_i} \geqslant 0$。当且仅当 $b_k^{C_i} \geqslant d_k^i, k = 1, \cdots, r$,联盟 C_i 才能完成任务 t_i。

定义 5.4　联盟 C_{i_1}, C_{i_2} 是两个重叠联盟,当且仅当 $C_{i_1} \cap C_{i_2} \neq \varnothing$,即某个或某些 Agent 同时参与了任务 t_{i_1}, t_{i_2} 的求解。这里, $i_1 = 1, \cdots, m, i_2 = 1, \cdots, m$。

定义 5.5　$\forall a_j \in A$ 对每个任务 $t_i \in T$ 都有一个实际贡献的资源量 $W_{ji} = [w_1^{ji}, w_2^{ji}, \cdots, w_r^{ji}], 0 \leqslant w_k^{ji} \leqslant b_k^j$。若 a_j 参与了 t_i,则 $W_{ji} > 0$,否则 $W_{ji} = 0$。

在重叠联盟里,同一时刻,每个 Agent 可以参与多个联盟对应的求解任务贡献自己的资源。值得注意的是, a_j 参与的所有任务实际贡献的每种资源数量之和不能超过其对应的每种资源初始总量,否则就会发生资源冲突,因此,为了避免资源冲突的发生,必须满足 $\sum_{i=1}^{m} w_k^{ji} \leqslant b_k^j$。另外,重叠联盟 C_i 的资源向量 $\boldsymbol{B}_{C_i} = [b_1^{C_i}, b_2^{C_i}, \cdots, b_r^{C_i}]$,应该等于其每个 Agent 成员的实际贡献资源量之和,即对 $\forall k \in \{1, \cdots, r\}$,有 $b_k^{C_i} = \sum_{a_j \in C_i} w_k^{ji}$,也就是任务的所需资源,即 $\boldsymbol{B}_{C_i} =$

$$\sum_{a_j \in C_i} W_{ji} = D_i。$$

定义 5.6　对于 $\forall a_j \in A$ 有 r 种剩余资源量 $P_j = [p_1^j, p_2^j, \cdots, p_r^j], 0 \leqslant p_k^j$ $\leqslant b_k^j$，表示 a_j 参与某个联盟后的剩余资源量。值得注意的是，如果 a_j 没有参与任何联盟，$P_j = B_j$，否则 $p_k^j = b_k^j - \sum_{i=1}^{m} w_k^{ji}$。

定义 5.7　每个 $a_j \in A$ 对每个任务 $t_i \in T$ 都有一个临时承担资源量 $L_{ji} = [l_1^{ji}, \cdots, l_r^{ji}]$，表示 a_j 可能为 t_i 提供的资源数量。如果 a_j 参与了 t_i，则 $L_{ji} > 0$，否则 $L_{ji} = 0$。显然，对 $k \in \{1, \cdots, r\}$，有 $0 \leqslant l_k^{ji} \leqslant b_k^j$。

实际贡献的资源量 W_{ji} 是表示每个 a_j 实际为每个任务 t_i 所承担的资源量，剩余资源量 P_j 是表示 a_j 随时变化可用的资源量，临时承担资源量 L_{ji} 是描述 a_j 为 t_i 暂时所承担的资源量。

联盟 C_i 的值一般通过一个特征函数 $v(C_i) \geqslant 0$ 求出，具体求值参见 1.3.2 小节式(1.1)。

为了促进联盟的形成，本章研究是在超加性环境中[130]，满足对 $\forall C_1, C_2 \subset A$，若 $C_1 \cap C_2 = \varnothing$，则 $v(C_1) + v(C_2) \leqslant v(C_1 \cup C_2)$，即任何一个新 Agent 加入某个联盟都能带来一定的额外效用。

对于给定任务序列 $t_1, \cdots, t_m$，重叠联盟形成问题就是在式(5.2)、式(5.3) 和式(5.4)的前提下，给出 m 个求解联盟 $C_1, C_2, \cdots, C_m$，使得系统总收益 v_{MAS} 尽可能达到最大。

$$\sum_{j=1}^{n} B_j \geqslant \sum_{i=1}^{m} D_i \tag{5.2}$$

$$\sum_{j=1}^{n} w_k^{ji} = d_k^i \tag{5.3}$$

$$\sum_{i=1}^{m} w_k^{ji} \leqslant b_k^j \tag{5.4}$$

$$v_{\mathrm{MAS}} = \max \sum_{i=1}^{m} v(C_i) \tag{5.5}$$

其中，式(5.2)表示联盟的能力应不小于任务能力需求，式(5.3)表示形成的联盟所有 Agent 实际分配的资源和恰好等于每个任务能够完成所需的资源，式(5.4)表示 Agent 在所参与的联盟中贡献的能力应不大于自身拥有的能力，即形成的重叠联盟不存在任何资源冲突。

5.4　效用分配策略

要使联盟结构最稳定,需在联盟形成中使系统整体收益达到最大化,而系统整体收益就等于各个联盟的收益之和。这样,效用分配应该满足下面两个条件[131]:

(1) 对联盟来说,结盟是为了获得更大的收益。因此,形成一个联盟后获得的整体效用应该大于其每个 Agent 成员单独工作时的效用之和,即结盟总是有益的,新 Agent 加入已有联盟总会带来一定的额外效用。

(2) 对联盟内部来说,加入联盟的每个 Agent 成员所获得的效用不比 Agent 单独工作时获得的效用少,至少要满足效用非减。

在重叠联盟中,为了促进联盟的形成,应避免单个 Agent 独揽任务,一般都约定单个 Agent 无法完成任务,这样也就得不到效用。而且在任务分派时一般避免一次将某个 Agent 全部资源用完,这样该 Agent 就无法加入其他联盟。效用分配应该遵循按劳分配、多劳多得的原则,即各个 Agent 获得的效用应与其参与联盟中贡献的资源量成正比。每个 Agent 付出的资源量越多,则其获得的效用也越多。而任务的分派情况就决定了联盟效用如何分配,某个 Agent 任务分派得越多,则它获得的效用也越多。

这样,我们又做了以下定义:

定义 5.8　对于每个 Agent 的每种资源,均对应一个单位价格,这里,$k \in \{1, \cdots, r\}$,ϕ_k 表示第 k 种资源的价格。

定义 5.9　权重系数

$$\lambda_k = \frac{\phi_k}{\sum\limits_k \phi_k}, \quad k \in \{1, \cdots, r\} \tag{5.6}$$

且满足 $\sum\limits_{k=1}^{r} \lambda_k = 1$,表示 r 种资源间的相对重要程度。

定义 5.10　单位效用因子

$$\alpha_k^i = \frac{\lambda_k \cdot v(C_i)}{d_k^i}, \quad k \in \{1, \cdots, r\} \tag{5.7}$$

表示联盟 C_i 带来的第 k 种资源所对应的单位收益。

由于多个任务并行执行,a_j 可能同时参与多个联盟 C_i 并完成多个任务

t_i，假设 a_j 参与了 m^* 个联盟并完成 m^* 个任务，则 a_j 获得的效用为

$$u_j = \sum_{i=1}^{m^*} \sum_{k=1}^{r} (\alpha_k^i \cdot w_k^{ji}), \quad a_j \in C_i \tag{5.8}$$

并且满足

$$\sum_{j=1}^{n} u_j = \sum_{i=1}^{m} v(C_i) \tag{5.9}$$

5.4.1　任务分派

对于 $T = \{t_1, \cdots, t_m\}$，当形成的联盟能够承担起任务时，需要对 $T = \{t_1, \cdots, t_m\}$ 进行分派。具体过程描述如下：

(1) 如果 $T = \varnothing$，结束。

(2) 给定任务 $T = \{t_1, \cdots, t_m\}$，对 C_i 中每个成员 a_j 进行任务分派，a_j 获得的临时任务量为

$$l_k^{ji} = \frac{d_k^i}{\sum\limits_{i=1}^{m} d_k^i} b_k^j \tag{5.10}$$

(3) 按照上述任务分派，在式(5.2)的条件下可能会导致任务 t_i 资源冗余，即 $\sum\limits_{a_j \in C_i} l_k^{ji} \geqslant d_k^i$。这时，对 $k \in \{1, \cdots, r\}$，需要对 L_{ji} 进行如下调整：

$$\hat{l}_k^{ji} = l_k^{ji} - \frac{l_k^{ji}}{\sum\limits_{a_j \in C_i} l_k^{ji}} \left(\sum\limits_{a_j \in C_i} l_k^{ji} - d_k^i \right) \tag{5.11}$$

经过调整后，a_j 获得的任务量恰好满足 $\sum\limits_{a_j \in C_i} \hat{l}_k^{ji} = d_k^i$，即任务 t_i 不会出现资源冗余。

此方法快速、简单，任务分派给联盟中每个 Agent 的机会是平等的，显然能力强的 Agent 比能力弱的 Agent 分派的任务量多，这样其获得效用也多，符合能者多劳、多劳多得的原则。

举例说明：假设有 2 个 Agent，$A = \{a_1, a_2\}$，有 2 个需要合作求解的任务，$T = \{t_1, t_2\}$。每个 Agent 具有初始资源数量 $B_1 = [4, 3]$，$B_2 = [4, 5]$，每个任务需要的资源数量 $D_1 = [3, 4]$，$D_2 = [4, 3]$。假设 t_1, t_2 已形成的合作联盟 $C_1 = C_2 = \{a_1, a_2\}$。

首先根据式(5.10)，对于任务 t_1, t_2, a_1 和 a_2 获得的临时任务量分别为

$$L_{11} = \left[\frac{3}{7} \times 4 = \frac{12}{7}, \frac{4}{7} \times 3 = \frac{12}{7}\right], \quad L_{21} = \left[\frac{3}{7} \times 4 = \frac{12}{7}, \frac{4}{7} \times 5 = \frac{20}{7}\right]$$

$$L_{12} = \left[\frac{4}{7} \times 4 = \frac{16}{7}, \frac{3}{7} \times 3 = \frac{9}{7}\right], \quad L_{22} = \left[\frac{4}{7} \times 4 = \frac{16}{7}, \frac{3}{7} \times 5 = \frac{15}{7}\right]$$

此时,对于任务 t_1,

$$l_1^{11} + l_1^{21} = \frac{12}{7} + \frac{12}{7} = \frac{24}{7} > d_1^1 = 3$$

$$l_2^{11} + l_2^{21} = \frac{12}{7} + \frac{20}{7} = \frac{32}{7} > d_2^1 = 4$$

对于任务 t_2,

$$l_1^{12} + l_1^{22} = \frac{16}{7} + \frac{16}{7} = \frac{32}{7} > d_1^2 = 4$$

$$l_2^{12} + l_2^{22} = \frac{9}{7} + \frac{15}{7} = \frac{24}{7} > d_2^2 = 3$$

显然,需要根据式(5.11)进行调整,调整后

$$\hat{L}_{11} = \left[\frac{3}{2}, \frac{3}{2}\right], \quad \hat{L}_{21} = \left[\frac{3}{2}, \frac{5}{2}\right], \quad \hat{L}_{12} = \left[2, \frac{9}{8}\right], \quad \hat{L}_{22} = \left[2, \frac{15}{8}\right]$$

此时,对于任务 t_1,

$$\hat{l}_1^{11} + \hat{l}_1^{21} = \frac{3}{2} + \frac{3}{2} = 3 = d_1^1$$

$$\hat{l}_2^{11} + \hat{l}_2^{21} = \frac{3}{2} + \frac{5}{2} = 4 = d_2^1$$

对于任务 t_2,

$$\hat{l}_1^{12} + \hat{l}_1^{22} = 2 + 2 = 4 = d_1^2$$

$$\hat{l}_2^{12} + \hat{l}_2^{22} = \frac{9}{8} + \frac{15}{8} = 3 = d_2^2$$

由上可以看出,经过调整后的任务 t_1,t_2 恰好满足 $\sum\limits_{a_j \in C_i} \hat{l}_k^{ji} = d_k^i$,不会出现资源冗余。

同时,该任务分派方法满足如下性质:

命题 1 一个重叠联盟形成问题有解,满足式(5.2)。

证明 一方面,假设一个给定重叠联盟满足式(5.2),则有

$$\sum_{j=1}^{n} B_j \geqslant \sum_{i=1}^{m} D_i \tag{5.12}$$

不失一般性,假设前 $m-1$ 个问题有解即前 $m-1$ 个任务能够完成,这样仅剩下第 m 个任务需要分配资源,则有

$$\sum_{i=1}^{m-1} B_{C_i} = \sum_{i=1}^{m-1} D_i \tag{5.13}$$

由式(5.12)和式(5.13),可以得到

$$\sum_{j=1}^{n} B_j - \sum_{i=1}^{m-1} B_{C_i} \geqslant \sum_{i=1}^{m} D_i - \sum_{i=1}^{m-1} D_i \tag{5.14}$$

式(5.14)的左边 $\sum\limits_{j=1}^{n} B_j - \sum\limits_{i=1}^{m-1} B_{C_i}$ 恰好是 Agent 加入前 $m-1$ 个联盟后的

剩余资源,右边 $\sum\limits_{i=1}^{m} D_i - \sum\limits_{i=1}^{m-1} D_i = D_m$,则有

$$\sum_{j=1}^{n} P_j \geqslant D_m \tag{5.15}$$

因此,联盟 C_m 能够完成任务 t_m,即第 m 个任务也有解。

另一方面,如果一个重叠联盟形成问题有解,很显然每一个形成的联盟能够完成对应的任务,也就是说,$i \in \{1, 2, \cdots, m\}$,$B_{C_i} \geqslant D_i$,则有

$$\sum_{i=1}^{m} B_{C_i} \geqslant \sum_{i=1}^{m} D_i \tag{5.16}$$

由于 $C_1 \bigcup C_2 \bigcup \cdots \bigcup C_m \subseteq A$,$\sum\limits_{i=1}^{m} B_{C_i}$ 恰好是部分 Agent 或最多是 n 个

Agent 所提供的资源数和,则有

$$\sum_{i=1}^{m} B_{C_i} \leqslant \sum_{j=1}^{n} B_j \tag{5.17}$$

这样,

$$\sum_{j=1}^{n} B_j \geqslant \sum_{i=1}^{m} D_i \tag{5.18}$$

故命题得证。

命题 2　$t_i \in T$ 经上述任务分派策略后,满足式(5.3)。

证明　首先,对于 $a_j \in C_i$,$\hat{L}_{ji} \geqslant 0$,根据以上所述,则 a_j 实际贡献的资源

量 $W_{ji} = \hat{L}_{ji}$,那么有 $\sum\limits_{a_j \in C_i} W_{ji} = \sum\limits_{a_j \in C_i} \hat{L}_{ji}$,即

$$k \in \{1, \cdots, r\}, \quad \sum_{a_j \in C_i} w_k^{ji} = \sum_{a_j \in C_i} \hat{l}_k^{ji} \tag{5.19}$$

又根据式(5.11),可得

$$\sum_{a_j \in C_i} \hat{l}_k^{ji} = \sum_{a_j \in C_i} \left[l_k^{ji} - \frac{l_k^{ji}}{\sum\limits_{a_j \in C_i} l_k^{ji}} \left(\sum_{a_j \in C_i} l_k^{ji} - d_k^i \right) \right] \tag{5.20}$$

将式(5.20)展开后,可得

$$\sum_{a_j \in C_i} \hat{l}_k^{ji} = \sum_{a_j \in C_i} l_k^{ji} - \sum_{a_j \in C_i} l_k^{ji} + d_k^i = d_k^i \qquad (5.21)$$

再根据式(5.19)可得 $k \in \{1, \cdots, r\}$, $\sum_{a_j \in C_i} w_k^{ji} = d_k^i$,命题得证。

命题 3　$a_j \in A$ 经上述任务分派策略竞争 T 后,满足式(5.4)。

证明　在上述任务分派策略中,给定 $T = \{t_1, \cdots, t_m\}$,对于 C_i 中每个成员 a_j 进行任务分派,每个任务临时承担资源为式(5.10)。由式(5.10)可得

$$\sum_{i=1}^{m} l_k^{ji} = \sum_{i=1}^{m} \frac{d_k^i}{\sum_{i=1}^{m} d_k^i} b_k^j = b_k^j$$

而由式(5.11),可得 $\hat{l}_k^{ji} \leqslant l_k^{ji}$,即

$$\sum_{a_j \in C_i} \hat{l}_k^{ji} \leqslant \sum_{a_j \in C_i} l_k^{ji}$$

又根据式(5.19),显然有

$$\sum_{a_j \in C_i} w_k^{ji} \leqslant \sum_{a_j \in C_i} l_k^{ji} = b_k^j$$

命题得证。

由以上结论可知,在式(5.2)的前提下,设计的多个并发任务并行分派策略,在不会出现资源冲突的情况下,可以将 T 中的所有任务分派成功。而且可以看出资源较少的 Agent 实际贡献的资源量也较少;反之,资源较多的 Agent 实际贡献的资源量也较多。按照按劳分配、多劳多得的原则,资源贡献多的 Agent 获得的效用必然多,这样,维护了联盟中每个 Agent 的利益,联盟更加稳定,系统整体效益才会最优。

5.4.2　效用分配

(1) 若所有任务 $T = \{t_1, \cdots, t_m\}$ 直到被完成也没有新的 Agent 加入其对应的联盟 $C = \{c_1, \cdots, c_m\}$,则完成所有任务获得的效益按照式(5.8)分配给每个 a_j。

(2) 若中途有某个 Agent 退出其所在的联盟,则其在该联盟中对应的效用为 0。

(3) 若中途有新 Agent 加入 m^* 个联盟 $C = \{c_1, \cdots, c_{m^*}\}$ 对应的 m^* 个任务 $T = \{t_1, \cdots, t_{m^*}\}$,则新加入的 Agent 根据 5.4.1 小节任务分派重新分派任务量,并给每个联盟带来额外效用为 v_i, $i = 1, \cdots, m^*$,此时设 $\forall a_j \in C_i$ 已完

成任务量 $G_{ji} = [g_1^{ji}, \cdots, g_r^{ji}]$,则

① 根据式(5.8)可知,任务 $T = \{t_1, \cdots, t_{m^*}\}$ 对应的所有联盟中每个原联盟成员根据自己已经完成的任务量,可获得效用

$$\hat{u}_j = \sum_{i=1}^{m^*} \sum_{k=1}^{r} (\alpha_k^i \cdot g_k^{ji}) \tag{5.22}$$

② 更新联盟效用

$$\hat{v}(C_i) = v(C_i) + v_i - \sum_{a_j \in C_i} \sum_{k=1}^{r} (\alpha_k^i \cdot g_k^{ji}) \tag{5.23}$$

③ 更新任务 $T = \{t_1, \cdots, t_{m^*}\}$ 的能力需求,满足

$$\hat{d}_k^i = d_k^i - \sum_{a_j \in C_i} g_k^{ji}, \quad k \in \{1, \cdots, r\} \tag{5.24}$$

④ 更新单位效用因子

$$\hat{\alpha}_k^i = \frac{\lambda_k \cdot \hat{v}(C_i)}{\hat{d}_k^i}, \quad k \in \{1, \cdots, r\} \tag{5.25}$$

重复执行以上步骤,直到所有任务完成,效用分配结束,每个 a_j 最后获得的效用应该为其参与所有任务获得效用之和。

5.4.3　效用非减条件

由于是多个任务并行执行,每个 Agent 分得的效用应该是其参与的所有任务所分得效用之和。在效用分配中,如何划分新 Agent 加入联盟带来的额外效用才是最关键的。这里,效用分配要满足效用非减的原则,即联盟总效用增加的同时,联盟中每个 Agent 获得的效用比其单独工作时所获得的效用要高。当某个新 Agent 加入已形成的联盟后,假如使得联盟总效用增加的同时而使原联盟成员获得的效用反而减少,这样肯定对原联盟成员的利益造成一定损害,从而原联盟成员就会排挤新 Agent 的加入,这样就无法形成一个稳定的联盟。因此,只有在联盟总效用增加的同时,联盟中每个 Agent 获得的效用分配也要满足效用非减的原则,联盟才能允许新 Agent 加入,更乐意扩大联盟来获取更大的整体和个人利益。

假设某时刻新 Agent 加入联盟 $C = \{c_1, \cdots, c_{m^*}\}$ 后,根据 5.4.1 小节任务分派策略,a_j 参与任务 t_i 重新分派到的任务量为 $\hat{W}_{ji} = [\hat{w}_1^{ji}, \cdots, \hat{w}_r^{ji}]$。此时,$a_j$ 的效用应该是其参与所有联盟获得的效用之和,要满足效用非减的原则,则

a_j 在新 Agent 加入联盟 $C = \{c_1, \cdots, c_{m^*}\}$ 后获得的总效用要大于或等于新 Agent 加入前 a_j 获得的总效用,即

$$\sum_{i=1}^{m^*} \sum_{k=1}^{r} (\hat{\alpha}_k^i \cdot \hat{w}_k^{ji}) + \hat{u}_j \geqslant u_j \tag{5.26}$$

将式(5.8)和式(5.22)代入式(5.26),可得

$$\sum_{i=1}^{m^*} \sum_{k=1}^{r} (\hat{\alpha}_k^i \cdot \hat{w}_k^{ji}) + \sum_{i=1}^{m^*} \sum_{k=1}^{r} (\alpha_k^i \cdot g_k^{ji}) \geqslant \sum_{i=1}^{m^*} \sum_{k=1}^{r} (\alpha_k^i \cdot w_k^{ji}) \tag{5.27}$$

即

$$\sum_{i=1}^{m^*} \sum_{k=1}^{r} (\hat{\alpha}_k^i \cdot \hat{w}_k^{ji} + \alpha_k^i \cdot g_k^{ji} - \alpha_k^i \cdot w_k^{ji}) \geqslant 0 \tag{5.28}$$

再将式(5.7)、式(5.23)、式(5.24)和式(5.25)代入式(5.28),整理后可得

$$\sum_{i=1}^{m^*} \sum_{k=1}^{r} \lambda_k \cdot \left\{ \frac{\left[v(C_i) + v_i - \sum_{a_j \in C_i} \sum_{k=1}^{r} \left(\frac{\lambda_k \cdot g_k^{ji} \cdot v(C_i)}{d_k^i} \right) \right] \cdot \hat{w}_k^{ji}}{d_k^i - \sum_{a_j \in C_i} g_k^{ji}} + \frac{(g_k^{ji} - w_k^{ji}) \cdot v(C_i)}{d_k^i} \right\}$$
$$\geqslant 0 \tag{5.29}$$

由上述可知,只要满足式(5.29)就满足效用非减,就允许新的 Agent 加入;反之,要是不满足式(5.29),就拒绝新的 Agent 加入。

5.5　实验及结果分析

假设有 3 个 Agent, $A = \{a_1, a_2, a_3\}$,有 2 个需要合作求解的任务, $T = \{t_1, t_2\}$。每个 Agent 具有初始资源数量 $B_1 = [4,3]$, $B_2 = [4,5]$, $B_3 = [3,3]$。每个任务需要的资源数量 $D_1 = [3,4]$, $D_2 = [4,3]$。假设每个合作联盟的效用如下:

$$v_1(\{a_j\}: j = 1,2,3) = v_2(\{a_j\}: j = 1,2,3) = 0$$
$$v_1(\{a_j, a_{\hat{j}}\}: j \neq \hat{j}) = v_2(\{a_j, a_{\hat{j}}\}: j \neq \hat{j}) = 6$$
$$v_1(\{a_1, a_2, a_3\}) = v_2(\{a_1, a_2, a_3\}) = 9$$

根据两种资源的价格换算成的 λ_k 为 $\left\{ \frac{1}{3}, \frac{2}{3} \right\}$。

设 t_1, t_2 并行执行,且 t_1, t_2 已形成的合作联盟 $C_1 = C_2 = \{a_1, a_2\}$,而

$v_1(\langle a_1, a_2 \rangle) = 6$，由式(5.7)可得单位效用因子 α_k^1 为 $\left\{ \dfrac{2}{3}, 1 \right\}$，$\alpha_k^2$ 为 $\left\{ \dfrac{1}{2}, \dfrac{4}{3} \right\}$。

根据 5.4.1 小节任务分派，a_1, a_2 分别分得 t_1, t_2 的任务量为

$$W_{11} = \left[\frac{3}{2}, \frac{3}{2} \right], \quad W_{21} = \left[\frac{3}{2}, \frac{5}{2} \right], \quad W_{12} = \left[2, \frac{9}{8} \right], \quad W_{22} = \left[2, \frac{15}{8} \right]$$

如果 a_1, a_2 顺利完成各自的任务量，根据式(5.8)，则 a_1, a_2 可分别获得的效用为

$$u_1 = \left(\frac{2}{3} \times \frac{3}{2} + 1 \times \frac{3}{2} \right) + \left(\frac{1}{2} \times 2 + \frac{4}{3} \times \frac{9}{8} \right) = 5$$

$$u_2 = \left(\frac{2}{3} \times \frac{3}{2} + 1 \times \frac{5}{2} \right) + \left(\frac{1}{2} \times 2 + \frac{4}{3} \times \frac{15}{8} \right) = 7$$

某时刻 a_3 申请加入 C_1 和 C_2，由此带来额外的效用分别为

$$v_1 = v_2 = 9 - 6 = 3$$

此时 a_1, a_2 分别完成 t_1, t_2 各自的任务量为

$$G_{11} = [1, 0], \quad G_{21} = [1, 1]$$

$$G_{12} = [1, 1], \quad G_{22} = [0, 1]$$

a_1, a_2 还剩余的资源量为

$$\hat{B}_1 = [2, 2], \quad \hat{B}_2 = [3, 3]$$

t_1, t_2 的剩余资源需求为

$$\hat{D}_1 = [1, 3], \quad \hat{D}_2 = [3, 1]$$

此时 a_1, a_2, a_3 通过 5.4.1 小节任务分派分别分得 t_1, t_2 的任务量为

$$\hat{W}_{11} = \left[\frac{1}{4}, \frac{3}{4} \right], \quad \hat{W}_{21} = \left[\frac{3}{8}, \frac{9}{8} \right], \quad \hat{W}_{31} = \left[\frac{3}{8}, \frac{9}{8} \right]$$

$$\hat{W}_{12} = \left[\frac{3}{4}, \frac{1}{4} \right], \quad \hat{W}_{22} = \left[\frac{9}{8}, \frac{3}{8} \right], \quad \hat{W}_{32} = \left[\frac{9}{8}, \frac{3}{8} \right]$$

将上述所得值代入式(5.29)后，a_1, a_2 均发现自己满足式(5.29)，因此允许 a_3 加入。此时，a_1, a_2 已经完成 t_1, t_2 的任务量，可获得的效用分别为

$$\hat{u}_1 = \frac{5}{2}, \quad \hat{u}_2 = 3$$

由式(5.25)可得，a_3 加入 C_1 和 C_2 后新的单位效用因子 $\hat{\alpha}_k^1$ 为 $\left\{ \dfrac{20}{9}, \dfrac{40}{27} \right\}$，$\hat{\alpha}_k^2$ 为 $\left\{ \dfrac{35}{54}, \dfrac{35}{9} \right\}$。则 a_1, a_2, a_3 完成 t_1, t_2 后各自获得的最后效用为

$$u_1 = \frac{5}{2} + \left(\frac{20}{9} \times \frac{1}{4} + \frac{40}{27} \times \frac{3}{4} \right) + \left(\frac{35}{54} \times \frac{3}{4} + \frac{35}{9} \times \frac{1}{4} \right) = \frac{5}{2} + 3\frac{1}{8} = 5\frac{5}{8} \geqslant 5$$

$$u_2 = 3 + \left(\frac{20}{9} \times \frac{3}{8} + \frac{40}{27} \times \frac{9}{8}\right) + \left(\frac{35}{54} \times \frac{9}{8} + \frac{35}{9} \times \frac{3}{8}\right) = 3 + 4\frac{11}{16} = 7\frac{11}{16} \geqslant 7$$

$$u_3 = \left(\frac{20}{9} \times \frac{3}{8} + \frac{40}{27} \times \frac{9}{8}\right) + \left(\frac{35}{54} \times \frac{9}{8} + \frac{35}{9} \times \frac{3}{8}\right) = 4\frac{11}{16} > 0$$

若某时刻 a_3 再次申请加入 C_1 和 C_2,此时 a_1,a_2 分别完成 t_1,t_2 各自的任务量为

$$G_{11} = [1,0], \quad G_{21} = [0,0], \quad G_{12} = [0,0], \quad G_{22} = [0,1]$$

a_1,a_2 还剩余的资源量为

$$\hat{B}_1 = [3,3], \quad \hat{B}_2 = [4,4]$$

t_1,t_2 的剩余资源需求为

$$\hat{D}_1 = [2,4], \quad \hat{D}_2 = [4,2]$$

此时 a_1,a_2,a_3 通过 5.4.1 小节任务分派分得 t_1,t_2 的任务量为

$$\hat{W}_{11} = \left[\frac{3}{5},\frac{6}{5}\right], \quad \hat{W}_{21} = \left[\frac{4}{5},\frac{8}{5}\right], \quad \hat{W}_{31} = \left[\frac{3}{5},\frac{6}{5}\right]$$

$$\hat{W}_{12} = \left[\frac{6}{5},\frac{3}{5}\right], \quad \hat{W}_{22} = \left[\frac{8}{5},\frac{4}{5}\right], \quad \hat{W}_{32} = \left[\frac{6}{5},\frac{3}{5}\right]$$

将上述所得值代入式(5.29)后,a_1,a_2 均发现自己不满足式(5.29),因此拒绝 a_3 加入。

此外,根据上面的实例,表 5.1 给出了本章方法和文献[38]的方法求解过程比较。

表 5.1　本章方法与文献[38]的方法求解过程比较

联盟	$\{a_1\}$	$\{a_1,a_2\}$	$\{a_1,a_2,a_3\}$
效用	u_1	u_1,u_2	u_1,u_2,u_3
文献[38]的方法	0	$5\frac{3}{4},6\frac{1}{4}$	$-,-,-$
本章方法	0	$5,7$	$5\frac{5}{8},7\frac{11}{16},4\frac{11}{16}$

由表 5.1 可以看出,对于文献[38]而言,t_1 在 a_1,a_2 分别完成各自的任务量为 $G_{11} = [1,0],G_{21} = [1,1]$ 时及 t_2 在 a_1,a_2 分别完成各自的任务量为 $G_{12} = [1,1],G_{22} = [0,1]$ 时都拒绝 a_3 的加入。而本章方法此时允许 a_3 加入,并且 a_1,a_2 都能获得高于原先 a_3 未加入前的效用,而 a_3 本身也能获得一定效用。因此,文献[38]是多个任务串行执行的,严格要求新 Agent 加入的时机,能带来较大的额外效用加入的时机比较早,反之比较晚,即能带来较大的额外效

用较早加入时就能满足效用非减,带来较小的额外效用只有在原联盟成员完成大部分任务量时加入才能满足效用非减。而本章方法是多个任务并行执行的,即使较小的额外效用较早加入也能满足效用非减,因而本章策略下的联盟形成更快,从而具有更好的时效性。

本 章 小 结

　　本章在重叠联盟效用串行分配的研究基础上,基于能者多劳的思想采取按比例对多个并发任务进行并行分派,同时通过调整策略使资源不会出现冗余。这样能力强的 Agent 分派的任务量多,获得利益也多,符合按劳分配、多劳多得的原则。在效用分配时对新的 Agent 加入联盟带来额外效用分配满足效用非减条件,实现了多个任务并发执行的重叠联盟效用分配。

第 6 章　基于云模型和模糊软集合的 Agent 联盟综合评价

Agent 联盟是多 Agent 系统中的一种重要合作形式,联盟的优劣直接关系到任务完成绩效的好坏。本章通过引入云模型和模糊软集合对 Agent 联盟进行综合评价。评价过程中,每个联盟都具有自己的属性,用评价指标集表示。考虑评价指标的模糊性和不确定性,以及评价专家的不同偏好,允许各个专家具有不同的个人评价指标集。首先利用云模型实现专家评价信息定性到定量的转换,然后利用模糊软集合实现评价信息的融合,得到综合评价结果,并通过实验来验证该方法的可行性。

6.1　引　　言

基于多 Agent 系统的复杂系统仿真技术正在迅速发展起来,Agent 联盟是 MAS 中多 Agent 之间合作的一个非常重要的方式,实现各 Agent 间的协调合作是其关键问题。联盟问题已在联盟结构生成、联盟值计算、效用划分等方面取得了丰硕的研究成果,但是形成的联盟能否顺利高效地完成各自的任务,即对形成的联盟进行实时评价是联盟机制不可缺少的关键环节。及时有效的评价能够有助于联盟顺利地完成各自分配的任务,并高效指导后续任务的执行。联盟评价因素难以用定量的数值表示,通常与每个 Agent 的能力强弱、协调配合的性能、通信开销、Agent 之间的熟悉度等因素密切相关,而这些因素只能用一些模糊性、概略性以及不确定性的自然语言值表示,这就增加了评价的困难[132],采用常见的评判方法(如简单加权、层次分析法等)难以得到合理的结果。苏兆品等提出基于 D-S 证据理论的联盟评价方法,是建立在纯粹的概率模型之上,权重大的评价专家对最终的评价结果影响较大,这样会引起不公平和偏向性,导致合作联盟的不稳定。[133]另外,评价专家一般来自不同的部门和领域,具有不同知识和经验,每个评价专家可能只关注自己熟悉和感兴趣的若干指标,如果要求评价专家对所有指标进行评价,很容易引起误判,导致产生较大差异的评价结果,这样不利于决策者的最后判断。

因此,本章引入云模型这一定性定量转换模型,用以实现自然语言值表示的定性概念与定量表示之间的不确定性转换,并考虑专家的不同偏好,采用模糊软集合实现不同专家评价信息的融合,提出一种基于云模型和模糊软集合的Agent 联盟综合评价方法。

6.2　云　模　型

6.2.1　云模型的概念

云模型(cloud model)由李德毅提出,旨在实现不确定性研究中定性概念与定量数值的相应转换。[134-137]以往关于不确定性的研究多使用概率论以及模糊数学,虽然解决了研究中的一些问题,但是或多或少地存在一些不足。随着云模型的提出,不确定性的研究也有了巨大的研究进展。云模型目前已在多Agent 系统[138]、决策分析[139]、数据挖掘[140]等领域起着巨大的作用。

6.2.2　云模型的相关定义

定义 6.1　将 U 定义为一个论域,这个论域由确定的数值描述,C 是存在于 U 上的定性描述,如果参数 $x \in U$ 是定性概念 C 的一次随机浮现,则 x 对 C 的确定度 $\mu(x) \in [0,1]$ 是一个拥有固定倾斜方向的随机数:$\mu: U \rightarrow [0,1]$,$x \in U$,$x \rightarrow \mu(x)$,则 x 在论域 U 上的散布形成称为云,记为云 $C(x)$,每个 $(x, \mu(x))$ 看作是这个云上的一个云滴。[134-137]

云具有如下几点重要性质[134-137]:

(1) 对于 x 在 $x \in U$ 每一次的出现,对应的 x 均有一个随机性的确定度。

(2) 云的构成成分是云滴,这些雨滴散乱分布,每一个完整的云滴都可以描述对应的一个特征,越准确地定量描述定性概念需要越多的云滴。

(3) 云滴对定性概念的表现力是通过确定度来描述的,而确定度的大小取决于云滴出现的可能性,越有较大可能出现的云滴,就代表着它有着较大的确定度,有较大的贡献。

6.2.3　云模型的数字特征

云的数学特质可以使用几个值来表述,分别是期望 Ex、熵 En、超熵 He。在既定的论域中,期望 Ex 是定性观点向定量转化中最接近这个定性观点的描述;En 是描述定性的一个概念量化时可以被度量的相对含量,越大范围的定性描述,它的熵就会越大;He 是熵的熵,也叫超熵,定性概念值的样本有多大的概率出现可以通过它来描述,模糊性与随机性之间的关系可以由它展现。这 3 个数字特征满足[134-137]

$$x = \mathrm{Norm}(Ex, En) \tag{6.1}$$

$$En' = \mathrm{Norm}(En, He) \tag{6.2}$$

$$\mu(x) = \exp\left(-\frac{(x-Ex)^2}{2En'^2}\right) \tag{6.3}$$

其中,式(6.1)可得到一个以 Ex 为期望值、En 为标准差的正态分布随机数 x,式(6.2)可得到一个以 En 为期望值、He 为标准差的正态分布随机数 Enx',由式(6.2)计算 $\mu(x)$,则 $(x,\mu(x))$ 即为一个云滴。$\mathrm{Norm}(\cdot)$ 描述的是一个在正态分布条件下产生的不确定函数。所以说,云产生云滴是有条件限制的,给出的条件不相同,对应产生的云滴也就会有所不同。

6.2.4　云发生器

云的产生算法即云发生器(cloud generator),分为正向与逆向。[134-137]

1. 正向云发生器

正向云发生器(forward cloud generator)以 (Ex, En, He) 为依据发出不同数量的云滴,每个云滴都代表产生此云滴的定性描述的一次随机出现。

正向云发生器算法如下:

输入:期望 Ex、熵 En、超熵 He 以及云滴数 N。

输出:N 个云滴的定量值以及确定度。

运算步骤:

(1) 产生一个以 En 为期望、He 为标准差的正态随机数。

(2) 产生一个以 Ex 为期望、$abs(En')$ 为标准差的正态随机数 x_i。

(3) 计算:$\mu_i = \exp\left(-\dfrac{(x_i - Ex)^2}{2(Ex')^2}\right)$。

(4) (x_i, μ_i) 即为产生的一个云滴。

(5) 依次重复上述步骤,得到要求数量的云滴。

2. 逆向云发生器

逆向云发生器(backward cloud generator)用来实现定量值向定性概念转变,算法如下:

输入:N 个云滴的定量值、云滴自身产生的确定度 (x_i, μ_i)。

输出:对应的定性概念的期望 Ex、熵 En、超熵 He。

运算步骤:

(1) 由 x_i 计算得到:样本均值 $\overline{X} = \dfrac{1}{n}\sum\limits_{i=1}^{n} x_i$;一阶样本绝对中心矩:$\dfrac{1}{n}\sum\limits_{i=1}^{n} |x_i - \overline{X}|$;样本方差 $S^2 = \dfrac{1}{n-1}\sum\limits_{i=1}^{n}(x_i - \overline{X})^2$。

(2) 由以上公式计算出:期望 $Ex = \overline{X}$;熵 $En = \sqrt{\dfrac{\pi}{2}} \times \dfrac{1}{n}\sum\limits_{i=1}^{n} |x_i - \overline{X}|$;超熵 $He = \sqrt{S^2 - En^2}$。

6.2.5　云模型的应用

1. 预测

云模型通过对影响预测对象的因素进行分析,将这些因素的定性描述按照不同的层次进行分类,并为每个类别的定性描述选取适合的数字特征值,编制云模型程序,结合预测对象的具体情况,生成不同形式的规则,并将这些规则与历史数据相互比较,给出预测。云模型在预测方面很好地考虑到了预测的模糊性以及未知结果出现的随机性,较为合理,已在多个领域得到运用。

2. 综合评价

云模型通过对定性描述定量化的转变,可以很大程度上解决评价中定性描述中的因素对比主观性大的问题,实现评价的客观与公正。一些学者结合云模型思想,在多个评价领域内做出了研究:麻士东等通过对专家针对战场形势的经验判断的定性评估分析,结合云模型的思想,建立了形势标尺云,将所面对的战场形势与所建立的标尺云进行对比分析,得出所要应对的目标的破坏程度,实现目标的威胁等级评价。[141]黄海生等考虑到信任自身不可切割的评价主观性、描述模糊性、出现的随机性等特点,结合云模型的思想,将信任的定性描述转化为云的定量表达,实现了信任的客观运算与评价。[142]云模型以其可以较好地实现定性概念描述向定量转变的特点,已被广泛应用于多个评价领域。[143-145]

6.3　模糊软集合

早在 1999 年 Molodtsov 就介绍了软集合的一些基本概念及理论应用。[146]随后 Maji 等给出了软集合的相关性质,并将软集合理论应用到决策问题中。[147-148]Maji 提出对于论域中的一个对象,用绝对语言描述不太合理,应该用模糊语言描述。这样,“模糊软集合”的概念由此诞生。

定义 6.2　假设 U 是给定的论域,$\xi(U)$ 表示定义在 U 上的模糊集,E 是一个参数集,$A \subseteq E$,当且仅当 F 是 A 到 $\xi(U)$ 的一个映射,则称 (F,A) 是论域 U 上的一个模糊软集合。[149]

例 6.1　设软集合 (F,A) 描述了某人打算购买的房子的特点。U 是考虑的车子的集合,有 6 种房子,表示为 $U = \{h_1, h_2, h_3, h_4, h_5, h_6\}$。$A$ 是参数集,用于描述房子的特点,比如,a_1:“昂贵的”,a_2:“便宜的”,a_3:“木头的”,a_4:“绿化好的”,表示为 $A = \{a_1, a_2, a_3, a_4\}$。用模糊软集合 (F,A) 描述每个车子对于 A 中参数的符合程度:

$$F(a_1) = \{h_1/0.3, h_2/0.7, h_3/1, h_4/0.2, h_5/0.4, h_6/0.6\}$$
$$F(a_2) = \{h_1/0.8, h_2/0.6, h_3/0.4, h_4/1, h_5/0.7, h_6/0.3\}$$
$$F(a_3) = \{h_1/0.2, h_2/0.3, h_3/0.7, h_4/0.8, h_5/1, h_6/0.5\}$$
$$F(a_4) = \{h_1/0.4, h_2/1, h_3/0.6, h_4/0.7, h_5/0.3, h_6/0.9\}$$

这样,模糊软集合 (F,A) 可以表示为

$$(F,A) = \{F(a_1) = \{h_1/0.3, h_2/0.7, h_3/1, h_4/0.2, h_5/0.4, h_6/0.6\},$$
$$F(a_2) = \{h_1/0.8, h_2/0.6, h_3/0.4, h_4/1, h_5/0.7, h_6/0.3\},$$

$$F(a_3) = \{h_1/0.2, h_2/0.3, h_3/0.7, h_4/0.8, h_5/1, h_6/0.5\},$$

$$F(a_4) = \{h_1/0.4, h_2/1, h_3/0.6, h_4/0.7, h_5/0.3, h_6/0.9\}\} \tag{6.4}$$

另外,模糊软集合也可以用表格表示,见表 6.1。

表 6.1　模糊软集合的表格表示法

U	a_1	a_2	a_3	a_4
h_1	0.3	0.8	0.2	0.4
h_2	0.7	0.6	0.3	1
h_3	1	0.4	0.7	0.6
h_4	0.2	1	0.8	0.7
h_5	0.4	0.7	1	0.3
h_6	0.6	0.3	0.5	0.9

定义 6.3　设 (F,A) 和 (G,B) 是 U 上的两个模糊软集合,若对 $(\alpha,\beta) \in A \times B, I(\alpha,\beta) = F(\alpha) \bigcap G(\beta)$,则称 $(F,A) \bigwedge (G,B) = (I, A \times B)$ 为模糊软集合 (F,A) 和 (G,B) 的 "AND" 运算。[149] 显然,$(I, A \times B)$ 也是模糊软集合。若 (F,A) 的定义如例 6.1,(G,B) 中的参数 $B = \{\text{red}, \text{blue}, \text{yellow}, \text{brown}\}$ 描述房子的颜色,那么 "黄色的便宜房子" 则是由 A 中的 a_2 和 B 中的 a_3 合成得到的。

6.4　Agent 联盟评价方法

设有 $m \in \mathbf{N}$ 个待评价的 Agent 联盟,$T = \{t_1, t_2, \cdots, t_m\}$,其中 $t_i \in T, i \in \{1, 2, \cdots, m\}$ 表示第 i 个 Agent 联盟。设有 $p \in \mathbf{N}$ 个 Agent 联盟评价指标,$R = \{r_1, r_2, \cdots, r_p\}$,$p = 4$ 分别代表每个 Agent 的能力强弱、协调配合的性能、通信开销、Agent 之间的熟悉度。

设有 $n \in \mathbf{N}$ 个评价专家,$W = \{w_1, w_2, \cdots, w_n\}$,$w_j \in W, j \in \{1, 2, \cdots, n\}$ 表示第 j 个评价专家。由于每个专家 w_j 可能来自不同的领域或部门,只对 R 中的某些指标较熟悉,因此,约定每个专家只对自己熟悉的评价指标进行评判,以避免专家对不熟悉的指标产生较大的误判,每个 w_j 可根据自己的知识和经验给出其个人评价指标集 $R_j^* \subseteq R$,满足 $\bigcup\limits_{j=1}^{n} R_j^* = R$。每个 w_j 根据自己的评价指

标集 R_j^* 和 Agent 联盟集给出自己的评价矩阵 V_j，即

$$V_j = \begin{matrix} & r_1 \cdots r_p & \\ & \begin{pmatrix} v_{11} & \cdots & v_{1p} \\ \vdots & & \vdots \\ v_{m1} & \cdots & v_{mp} \end{pmatrix} & \end{matrix} \qquad (6.5)$$

由于 R 具有模糊性，本章采用模糊的、定性的概念描述每个评价指标，并设各评价指标的评价空间均为 $ES = \{$很好，好，一般，差，很差$\}$。这种描述方式更能体现评判专家对问题的准确理解，有利于引导专家的表达更加一致，也符合客观实际和常用表达方式。因此，V_j 中的任意 v_{ik}，$i \in \{1,2,\cdots,m\}$ 要么为空，要么满足 $v_{ik} \in ES$。

对于每个评判专家的评价矩阵，如图 6.1 所示，本章先利用云模型将专家定性评价转化为定量评价，再利用模糊软集合对所有评价专家的定量评价进行信息融合，从而得到最终的评价结果。

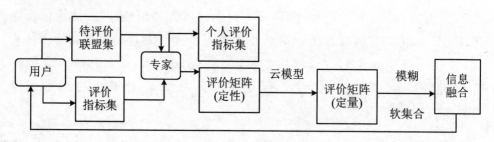

图 6.1   Agent 联盟评价过程

6.4.1   基于云模型的定性定量转换

定义 6.4   评价度空间 ED 是由有序数值集合 $[x_1, x_2]$ 组成的定量论域区间，$[x_1, x_2]$ 可以是连续的或者离散的。其中 x_1 和 x_2 分别称为 ED 的评价度下限和上限。

定义 6.5   评价空间 ES 由多个评价等级组成，每个评价等级是由自然语言表示的一个定性评价值。例如，设 Agent 联盟的各评价指标的评价空间均为 $ES = \{$很好，好，一般，差，很差$\}$。

定义 6.6   设评价度空间 $ED = [x_1, x_2]$ 为云的定量论域 U，$e \in ES$ 为评价空间上的定性概念，$x \in ED$ 为定性概念 e 的一次定量评价，则 x 对 e 的确定度 $\mu(x) \in [0,1]$ 是一个具有稳定倾向的随机数：$\mu: \to [0,1]$，$x \in ED$，$x \to$

$\mu(x)$，x 在论域 U 上的分布称为评价云，用 $EC(x)$ 表示，每个 $(x,\mu(x))$ 称为一个云滴。

根据上述定义，基于云模型的定性定量转换过程描述如下：

(1) 根据联盟系统要求，设定各评价指标的评价度空间 ED 下限和上限，选择评价度的离散性或连续性。

(2) 设计各评价指标的评价云数字特征值：一般由领域专家根据自身知识并结合实验数据验证得出，也有理论上的取法，即评价云的熵值取云朵有效论域区间的 $1/3$ 左右。[138]

(3) 输入专家 w_j 对评价指标 r_p 的定性评价值，将该评价等级所对应的评价云数字特征值代入式 (6.1) 产生一个随机正态分布定量值 x。

(4) 根据每个评价等级的评价云数字特征值触发带 X 条件评价云 EC_A，依次随机产生确定度 μ_i，即

$$\mu_i = \exp\left(-\frac{(x-Ex_A)^2}{2En_A'^2}\right) \tag{6.6}$$

其中，Ex_A，En_A 为评价云 EC_A 的期望值和熵。

(5) 选取确定度最大的 μ 作为条件触发带 Y 条件评价云 EC_B，并根据式 (6.7) 计算在 Ex_B，En_B 条件下的值 y_i，即

$$y_i = Ex_B \pm \sqrt{-2\ln(\mu)}En_B' \tag{6.7}$$

其中，Ex_B，En_B 为 EC_B 的输出云期望值和熵。

(6) 返回 (3)，循环若干次（通常云滴数较少时，误差会较大；云滴数较多时，误差会减少，但计算量大、实时性差。具体实施时需要权衡利弊，根据实验效果综合考虑），得到 N 个云滴 y_i。

(7) 根据 N 个云滴 y_i，计算其样本平均值 $\bar{y} = \dfrac{1}{N}\sum_{i=1}^{N} y_i$，一阶样本绝对中心矩 $\vec{y} = \dfrac{1}{N}\sum_{i=1}^{N}|y_i-\bar{y}|$，样本方差 $\delta^2 = \dfrac{1}{N-1}\sum_{i=1}^{N}(y_i-\bar{y})^2$。

(8) 用逆向云发生器求逆向云的数字特征值。$E_{\hat{y}}$ 为专家 w_j 对评价指标 r_p 的定性评价的定量转换值，$E_{\hat{y}} = \bar{y}$，E_n 的估计值 $E_{\hat{n}} = \sqrt{\dfrac{\pi}{2}} \times \vec{y}$，$H_e$ 的估计值 $H_{\hat{e}} = \sqrt{|\delta^2 - E_{\hat{n}}^2|}$。

6.4.2　基于模糊软集合的信息融合

通过云模型实现定性定量转换,得到定量评价矩阵,然后通过模糊软集合的"AND"运算实现定量矩阵的数据融合,计算每个联盟的分值,比较其大小,得出评价结果。具体过程描述如下:

(1) 由评价指标集 R_j^* 和定量评价矩阵 V_j^*,生成模糊软集合 (F_j, R_j^*),即

$$(F_j, R_j^*) = \begin{cases} r_1 = \{t_1/v_{11}^{j*}, t_2/v_{21}^{j*}, \cdots, t_m/v_{m1}^{j*}\}, \\ r_2 = \{t_1/v_{12}^{j*}, t_2/v_{22}^{j*}, \cdots, t_m/v_{m2}^{j*}\}, \\ \qquad\qquad\qquad \vdots \\ r_p = \{t_1/v_{1p}^{j*}, t_2/v_{2p}^{j*}, \cdots, t_m/v_{mp}^{j*}\} \end{cases} \tag{6.8}$$

其中,对 $k \in \{1,2,\cdots,p\}$,如果 $r_k \in R_j^*$,则 $r_k = \{t_1/v_{1k}^{j*}, t_2/v_{2k}^{j*}, \cdots, t_m/v_{mk}^{j*}\} \in (F_j, R_j^*)$。

(2) 依次对模糊软集合 (F_j, R_j^*),$j=1,2,\cdots,n$ 进行"AND"运算,其运算结果用 (G, R') 表示,即

$$(G, R') = (G, R_1^* \times R_2^* \times \cdots \times R_n^*)$$

$$= (F_1, R_1^*) \wedge (F_2, R_2^*) \wedge \cdots \wedge (F_t, R_n^*) \tag{6.9}$$

显然,(G, R') 也是一个模糊软集合,即

$$(G, R') = \begin{cases} r_1^* = \{t_1/\lambda_{11}, t_2/\lambda_{21}, \cdots, t_m/\lambda_{m1}\}, \\ r_2^* = \{t_1/\lambda_{12}, t_2/\lambda_{22}, \cdots, t_m/\lambda_{m2}\}, \\ \qquad\qquad\qquad \vdots \\ r_p^* = \{t_1/\lambda_{1p}, t_2/\lambda_{2p}, \cdots, t_m/\lambda_{mp}\} \end{cases} \tag{6.10}$$

其中,$q \in \mathbf{N}$ 为合成后的评价指标集 R' 的规模,由于 $\bigcup_{i=1}^{n} R_i^* = R$,因此有 $q > p$。$i \in \{1,2,\cdots,m\}$,$k \in \{1,2,\cdots,q\}$,λ_{ik} 表示联盟 s_i 对于评价指标 r_k^* 所描述状态的符合程度。合成方法如下:如果评价指标不相同,则取各评价指标定量值的最小值。假设联盟评价指标为每个 Agent 的能力强弱、协调配合的性能、通信开销、Agent 之间的熟悉度。例如,专家 w_1 对"每个 Agent 的能力强弱"的定量评价值为 0.5,专家 w_2 对"协调配合的性能"的定量评价值为 0.6,专家 w_3 对"通信开销"的定量评价值为 0.7,则合成后的评价结果为 0.5,即复合指标"每个 Agent 的能力强弱、协调配合的性能、通信开销"的评价值为 0.5。如果评价指标有相同的,则先求相同评价指标的定量值的平均值,再取相同评价

指标的平均值和其他不同指标定量值的最小值。例如,专家 w_1 对"每个 Agent 的能力强弱"的定量评价值为 0.5,专家 w_2 对"每个 Agent 的能力强弱"的定量评价值为 0.7,专家 w_3 对"通信开销"的定量评价值为 0.8,则合成后的评价结果为 0.6,即复合指标"每个 Agent 的能力强弱、通信开销"的评价值为 0.6。

(3) 计算对比表,由 (G, R') 计算对比表 $CT = (ct_{xy})_{m \times m}$,见表 6.2。其中,$ct_{xy}$ 表示联盟 t_x 评价指标值大于 t_y 的个数,即

$$ct_{xy} = \sum_k \gamma_{xy}^k \tag{6.11}$$

$$\gamma_{xy}^k = \begin{cases} 1, & \lambda_{xk} \geqslant \lambda_{yk} \\ 0, & \lambda_{xk} < \lambda_{yk} \end{cases} \tag{6.12}$$

表 6.2　(G, R') 的对比表

ct_{xy}	t_1	t_2	$\cdots$	t_m
t_1	ct_{11}	ct_{12}	$\cdots$	ct_{1m}
t_2	ct_{21}	ct_{22}	$\cdots$	ct_{2m}
$\vdots$	$\vdots$	$\vdots$	$\vdots$	$\vdots$
t_m	ct_{m1}	ct_{m2}	$\cdots$	ct_{mm}

(4) 计算评估得分。由 CT 每个联盟的评价得分 $\text{Score}(t_i)$,即 $i \in \{1, 2, \cdots, m\}$,有

$$\text{Score}(t_i) = X_i - Y_i \tag{6.13}$$

$$\begin{cases} X_i = \sum_{j=1}^m ct_{iy} \\ Y_i = \sum_{x=1}^m ct_{xi} \end{cases} \tag{6.14}$$

其中,X_i 表示 CT 中第 i 行的和,Y_i 表示 CT 中第 i 列的和,$\text{Score}(t_i)$ 就表示联盟 t_i 的优劣,数值越大,t_i 越优。

6.5　实验及结果分析

设有待评价联盟 $T = \{t_1, t_2, t_3, t_4\}$,有 3 个评价专家 $W = \{w_1, w_2, w_3\}$,每位专家只评价自己熟悉的评价指标,给出评价指标集为 $R_1^* = \{r_1, r_2, r_4\}$,$R_2^* = \{r_2, r_3, r_5\}$,$R_3^* = \{r_2, r_4, r_6\}$,用矩阵 V 表示其评价如下:

$$V_1 = \begin{matrix} & r_1 & r_2 & r_4 & \\ \begin{bmatrix} 好 & 好 & 好 \\ 好 & 一般 & 好 \\ 一般 & 好 & 一般 \\ 一般 & 好 & 好 \end{bmatrix} & & & \begin{matrix} t_1 \\ t_2 \\ t_3 \\ t_4 \end{matrix} \end{matrix}$$

$$V_2 = \begin{matrix} & r_1 & r_2 & r_3 & \\ \begin{bmatrix} 好 & 好 & 一般 \\ 一般 & 一般 & 好 \\ 好 & 一般 & 差 \\ 好 & 差 & 一般 \end{bmatrix} & & & \begin{matrix} t_1 \\ t_2 \\ t_3 \\ t_4 \end{matrix} \end{matrix}$$

$$V_3 = \begin{matrix} & r_2 & r_3 & r_4 & \\ \begin{bmatrix} 好 & 好 & 一般 \\ 一般 & 好 & 一般 \\ 一般 & 一般 & 好 \\ 一般 & 一般 & 好 \end{bmatrix} & & & \begin{matrix} t_1 \\ t_2 \\ t_3 \\ t_4 \end{matrix} \end{matrix}$$

本章采用的评价指标:每个 Agent 的能力强弱、协调配合的性能、通信开销、Agent 之间的熟悉度。设每个评价指标的评价度空间见表 6.3。

表 6.3　评价度空间

评价指标	评价度
r_1	$[200, +\infty]$
r_2	$[0, 10]$
r_3	$[0, 10]$
r_4	$[0, 10]$

（1）设计评价云数字特征值，根据理论取法[143-145]多次实验选取最好的一组参数组合得到表 6.4，X 评价云：EC_1，EC_2，EC_3，EC_4，Y 评价云：EC_B。

表 6.4 评价云的数字特征值

评价空间	评价云				
	EC_1	EC_2	EC_3	EC_4	EC_B
很好	(205,5.0,0.5)	(2,0.7,0.07)	(10,0.5,0.05)	(10,0.5,0.05)	(0.975,0.017,0.0017)
好	(222,5.0,0.5)	(4,0.7,0.07)	(8,0.7,0.07)	(8,0.7,0.07)	(0.875,0.05,0.005)
一般	(245.0,6.0,0.6)	(6,0.7,0.07)	(6.5,0.33,0.033)	(6.5,0.33,0.033)	(0.7,0.07,0.007)
差	(260.0,6.0,0.6)	(8,0.7,0.07)	(4,0.7,0.07)	(4,0.7,0.07)	(0.5,0.07,0.007)
很差	(280,6.0,0.6)	(10,0.7,0.07)	(2,1.3,0.13)	(2,1.3,0.13)	(0.2,0.13,0.013)

（2）通过云模型实现定性到定量的转换，得到如下评价矩阵：

$$V_1^* = \begin{matrix} & r_1 & r_2 & r_4 & \\ \begin{bmatrix} 0.8655 & 0.8640 & 0.8105 \\ 0.8655 & 0.6881 & 0.8128 \\ 0.6501 & 0.8632 & 0.6564 \\ 0.6510 & 0.8649 & 0.8083 \end{bmatrix} & & & & \begin{matrix} t_1 \\ t_2 \\ t_3 \\ t_4 \end{matrix} \end{matrix}$$

$$V_2^* = \begin{matrix} & r_1 & r_2 & r_3 & \\ \begin{bmatrix} 0.8674 & 0.8679 & 0.6600 \\ 0.6497 & 0.6900 & 0.8118 \\ 0.8649 & 0.6888 & 0.4046 \\ 0.8653 & 0.5000 & 0.6605 \end{bmatrix} & & & & \begin{matrix} t_1 \\ t_2 \\ t_3 \\ t_4 \end{matrix} \end{matrix}$$

$$V_3^* = \begin{matrix} & r_2 & r_3 & r_4 & \\ \begin{bmatrix} 0.8648 & 0.8102 & 0.6562 \\ 0.6882 & 0.8161 & 0.6598 \\ 0.6893 & 0.6597 & 0.8115 \\ 0.6887 & 0.6536 & 0.8165 \end{bmatrix} & & & & \begin{matrix} t_1 \\ t_2 \\ t_3 \\ t_4 \end{matrix} \end{matrix}$$

（3）基于模糊软集合对所有定量评价矩阵进行"AND"运算，得到评价指标集 R^* 见表 6.5，得到软集合 (G,R') 表格见表 6.6。

表 6.5　合成评价指标集 R^*

r_1^*	$r_1^1 r_1^2 r_2^3$	r_{10}^*	$r_2^1 r_1^2 r_2^3$	r_{19}^*	$r_4^1 r_1^2 r_2^3$
r_2^*	$r_1^1 r_1^2 r_3^3$	r_{11}^*	$r_2^1 r_1^2 r_3^3$	r_{20}^*	$r_4^1 r_1^2 r_3^3$
r_3^*	$r_1^1 r_1^2 r_4^3$	r_{12}^*	$r_2^1 r_1^2 r_4^3$	r_{21}^*	$r_4^1 r_1^2 r_4^3$
r_4^*	$r_1^1 r_2^2 r_2^3$	r_{13}^*	$r_2^1 r_2^2 r_2^3$	r_{22}^*	$r_4^1 r_2^2 r_2^3$
r_5^*	$r_1^1 r_2^2 r_3^3$	r_{14}^*	$r_2^1 r_2^2 r_3^3$	r_{23}^*	$r_4^1 r_2^2 r_3^3$
r_6^*	$r_1^1 r_2^2 r_4^3$	r_{15}^*	$r_2^1 r_2^2 r_4^3$	r_{24}^*	$r_4^1 r_2^2 r_4^3$
r_7^*	$r_1^1 r_3^2 r_2^3$	r_{16}^*	$r_2^1 r_3^2 r_2^3$	r_{25}^*	$r_4^1 r_3^2 r_2^3$
r_8^*	$r_1^1 r_3^2 r_3^3$	r_{17}^*	$r_2^1 r_3^2 r_3^3$	r_{26}^*	$r_4^1 r_3^2 r_3^3$
r_9^*	$r_1^1 r_3^2 r_4^3$	r_{18}^*	$r_2^1 r_3^2 r_4^3$	r_{27}^*	$r_4^1 r_3^2 r_4^3$

表 6.6　模糊软集合 (G, R') 的表格形式

r_k^*	t_1	t_2	t_3	t_4	r_k^*	t_1	t_2	t_3	t_4
r_1^*	0.8648	0.6882	0.6893	0.6887	r_{15}^*	0.6562	0.6598	0.7760	0.6825
r_2^*	0.8102	0.7576	0.6597	0.6536	r_{16}^*	0.6600	0.6882	0.4046	0.6605
r_3^*	0.6562	0.6598	0.7575	0.7582	r_{17}^*	0.7351	0.6881	0.5322	0.6571
r_4^*	0.8655	0.6891	0.6501	0.5944	r_{18}^*	0.6262	0.6598	0.4046	0.6605
r_5^*	0.8102	0.6900	0.6501	0.5000	r_{19}^*	0.8105	0.6497	0.6564	0.6887
r_6^*	0.6562	0.6598	0.6501	0.5000	r_{20}^*	0.8102	0.6497	0.6564	0.6536
r_7^*	0.6600	0.6882	0.4046	0.6510	r_{21}^*	0.7334	0.6497	0.7340	0.8124
r_8^*	0.7351	0.8140	0.5322	0.6510	r_{22}^*	0.8105	0.6891	0.6564	0.5944
r_9^*	0.6562	0.6598	0.4046	0.6510	r_{23}^*	0.8102	0.6900	0.6564	0.5000
r_{10}^*	0.8644	0.6497	0.7763	0.7768	r_{24}^*	0.7334	0.6900	0.6889	0.5000
r_{11}^*	0.8102	0.6497	0.6597	0.6536	r_{25}^*	0.6600	0.6882	0.4046	0.6605
r_{12}^*	0.6562	0.6497	0.8115	0.8165	r_{26}^*	0.7351	0.8128	0.5322	0.6571
r_{13}^*	0.8656	0.6888	0.7471	0.6845	r_{27}^*	0.6600	0.7363	0.4046	0.6605
r_{14}^*	0.8102	0.6891	0.6597	0.6536					

（4）将表 6.6 的数据通过式（6.11）和式（6.12）计算，结果见表 6.7。

表 6.7 对比表 $CT_{4 \times 4}$

ct_{xy}	c_1	c_2	c_3	c_4
c_1	27	16	23	19
c_2	11	27	17	17
c_3	4	10	27	13
c_4	8	10	14	27

（5）计算评价得分 Score(t_i)，见表 6.8。

表 6.8 各联盟综合评价得分

t_i	row_i	$column_i$	Score(t_i)
t_1	85	50	35
t_2	72	63	9
t_3	54	81	-27
t_4	59	76	-17

由表 6.8 可以看出，本章的方法评价结果为 $t_1 > t_2 > t_4 > t_3$，即 t_1 最好，t_2 其次，t_3 再次，t_4 最差。由专家评价矩阵可以看出 t_1 的各项评价优于 t_2，t_4，t_3，与本章得到的结果一致。本章方法在有效避免因专家个人主观因素引起误差的基础上，采用每个专家只对自己熟悉的领域进行评价的方法，避免了专家对某领域不熟悉而产生误判的可能，使评价更为客观、准确。

本 章 小 结

针对 Agent 联盟评价这一难点问题，本章提出一种基于云模型和模糊软集合的 Agent 联盟综合评价方法。该方法可实现定性评价到定量评价值的转换，而且充分考虑不同领域专家的知识和经验，有效融合不同领域专家的评价意见，从整体上集思广益，权衡利弊，分析出各 Agent 联盟的优劣，通过实例验证本章方法的有效性。本章所针对的 Agent 联盟评价指标涉及层面有限，因此，在今后的工作中，将进一步完善和细化 Agent 联盟评价指标体系，从而使 Agent 联盟评价能够更加科学、公正和客观。

第7章 基于重叠联盟与 NSGA-II 的虚拟企业伙伴选择算法

虚拟企业就是企业间通过网络技术共享资源、技术、信息等组成的联盟体，是企业为了适应当今市场经济发展的一种新的运作模式，而伙伴选择是虚拟企业成功的关键一步。由重叠联盟可知，一个 Agent 可以同时参与多个合作联盟完成多个对应的任务，同样，虚拟企业中一个资源丰富的企业也可以同时参与多个企业联盟以获得更多的报酬。本章将重叠联盟的研究应用到虚拟企业伙伴选择中，针对现有虚拟企业伙伴选择研究都是单个项目串行执行的，构建了多个项目并发的虚拟企业伙伴选择模型，设计了基于 NSGA-II 多目标优化的虚拟企业伙伴选择算法，并通过实验和单目标优化的方法进行对比分析。

7.1 引　　言

由于网络技术的飞速发展和如今市场的全球化，传统企业在这种大环境里生存变得举步维艰。[150-151] 传统企业有一个很大的特点在于其经营思维较为固定或者单一，一个企业仅仅凭借自身有限的资源是难以直面当前市场机遇的变化和发展的。所谓穷则思变，如果想要为企业带来新的活力和生机，就必须去寻求、去整合企业外部的优势资源。所以，虚拟企业（virtual enterprise，VE）应运而生。[152-153] 一般意义上，一些资源和优势各异的企业在面临市场出现新机遇的挑战时，以费用分担为原则，通过现代化的信息网络技术，去共享技术和信息，联合开发，一起组织建立一个可以共同开拓市场并且可以在统一战线上一致对付其他竞争者从而达到互利的企业联盟体称为虚拟企业。[154-156] 显而易见的是，虚拟企业成形的一大特点是频繁地去选择合作伙伴，而这一特点也是虚拟企业总体竞争能力及其市场适应性的决定性因素。[157-158] 在每一次的选择过程中,因为合作伙伴自身资源和优势的不同,整合在一起形成的企业联盟体的竞争能力和存活能力都与合作伙伴息息相关。因此,合作伙伴的选择是国内外研究虚拟企业的一个重点。[159-160]

7.2　相　关　工　作

Zeng 等提出的虚拟企业伙伴选择是一个非线性整数模型,同时证明了虚拟企业伙伴选择是一个 NP-hard 问题。[161] Wu 等提出基于制造和转运费用的整数规划网络优化模型的伙伴优选算法。[162] Wang 等设计了一个模糊决策嵌入遗传算法求解虚拟企业中的伙伴选择问题,考虑了成本、到期日和优先权等因素。[163] Ip 等提出以风险为基础的伙伴选择问题,并通过遗传算法求解合作伙伴选择。[164] Wu 和 Su 通过整数规划构建伙伴选择的数学模型,并基于两阶段算法求解合作伙伴问题的解。[165] Ye 和 Lin 提出多属性决策模型求出区间值不完全时合作伙伴选择问题。[166] 贾瑞玉等基于粗糙集和自适应遗传算法的虚拟企业伙伴选择算法,首先确定评价指标体系,然后根据粗糙集知识熵计算各评价指标的权重,并利用自适应遗传算法流程获取最佳合作伙伴。[167] 冀巨海等提出基于 Vague 集的虚拟企业伙伴选择研究,通过 Vague 集建立虚拟企业合作伙伴选择的模型,并利用改进的粒子群算法求解得到最后合作伙伴。[168] 张敏等采取逼近理想点的思想,构建区间为属性值的多属性群决策模型,并在多属性群决策视角下求解虚拟企业伙伴选择,最后得到候选企业参与某个子项目的排名。[169] 田俊峰等提出信任场的概念,建立信任场的模型,并研究了基于信任场模型的虚拟企业伙伴选择方法,得到最后合作伙伴,这里只是选择一个合作伙伴参与当前一个任务的执行。[170]

韩江洪等提出了多目标优化的虚拟企业伙伴选择模型,具体以最短完工时间、最低的成本和最高的信誉度为目标进行求解,并采用 AHP 法确定评价因子的权重。[171] 钱碧波等提出了三阶段结构化进程的敏捷虚拟企业伙伴选择,并对伙伴选择进行评价,给出了一种多目标决策数学模型,并通过 AHP 法确定权重因子的取值,提出了采用一种基于 Benchmarking 法对关键因素的决策值进行量化计算的方法。[172] 苏兆品等提出一种基于免疫的敏捷虚拟企业伙伴选择算法,引入多目标约束条件,并设计自适应提取疫苗的策略和二维二进制编码方式的敏捷虚拟企业伙伴选择算法。[173]虽然他们提出多目标模型和约束条件,但是还是通过权重法把多目标转化为单目标来实现的,这种单目标做法是单纯地追求某一个目标,导致解方案在其他目标上偏离了实际需求,具有一定的主观性。为此,本章提出多目标优化思想,其优点是在多个目标之间尽量保持较好的平衡(a good trade-off),即 Pareto 最优解,找到一种尽量在各个目标上达到一致的方案。而且,多目标优化能给出一组 Pareto 解集,这样增加了决策者的选择空间,决策者可以从中选择满足自己需要的、合理的解方案,而单目标优化只能给出单个解。

上述文献都是单个项目(任务)串行的,即把一个任务分成几个子任务,每个子任务只能由一个或几个候选企业完成。为此,本章提出多个项目并发的虚拟企业合作伙伴选择问题,首先构建多个项目并发的虚拟企业伙伴选择的数学模型,然后设计基于 NSGA-Ⅱ 的虚拟企业伙伴选择算法,并通过实验和单目标的虚拟企业伙伴选择进行对比分析。

7.3   虚拟企业伙伴选择问题的数学模型

7.3.1   数学模型

设 $Y = \{y_i \mid i \in [1, m]\}$,为虚拟企业需要完成的 m 个项目集合;每个项目可以分成 n 个环节,用

$$H = \begin{bmatrix} h_{11} & \cdots & h_{1j} & \cdots & h_{1n} \\ \vdots & & \vdots & & \vdots \\ h_{i1} & \cdots & h_{ij} & \cdots & h_{in} \\ \vdots & & \vdots & & \vdots \\ h_{m1} & \cdots & h_{mj} & \cdots & h_{mn} \end{bmatrix} \tag{7.1}$$

表示,这里 $i \in [1, m]$,$j \in [1, n]$。例如,每个项目可以分成设计、采购、制造、分销和物流 5 个环节。$E_j = \{e_{jk} \mid k \in [1, r_j]\}$ 为愿意参加环节 $h_{\cdot j}$ 的候选企业集合(这里 $h_{\cdot j}$ 是指第 j 列所有行的环节),r_j 为环节 $h_{\cdot j}$ 的候选企业数量;

$P_{e_{jk}} = \{t_{e_{jk}}, q_{e_{jk}}, c_{e_{jk}}, \cdots\}$，为企业 e_{jk} 完成 $h_{\cdot j}$ 中每个环节的性能参数，其中，$t_{e_{jk}}$ 为时间，$q_{e_{jk}}$ 为质量，$c_{e_{jk}}$ 为成本，根据实际需要还可以选择其他参数；T, Q, C 分别为完成所有项目的时间、质量和成本。

环节 h_{ij} 的完成时间不能大于 $t_{\max ij}$，质量不能低于 $q_{\min ij}$，成本不能高于 $c_{\max ij}$，可以用矩阵 $\boldsymbol{R}_i$ 表示所有项目的要求 $t_{\max ij}$, $q_{\min ij}$ 和 $c_{\max ij}$，这个矩阵称为项目条件约束矩阵，可以表示成

$$\boldsymbol{R}_i = \begin{bmatrix} \cdots t_{\max ij} \cdots \\ \cdots q_{\min ij} \cdots \\ \cdots c_{\max ij} \cdots \end{bmatrix} \tag{7.2}$$

虚拟企业伙伴选择问题的优化目标就是要选择 m 组企业 $F_i = \{S_1, S_2, \cdots, S_n\}$，且 $S_j \bigcap E_j \neq \varnothing$，满足

$$\begin{cases} \min T \quad \max Q \quad \min C \quad \max\limits_{e_{jk} \in S_j} t_{e_{jk}} < t_{\max ij} \\[2mm] \text{s.t.} \quad \sum\limits_{e_{jk} \in S_j} q_{e_{jk}} > q_{\min ij} \\[2mm] \quad\quad\quad \sum\limits_{e_{jk} \in S_j} c_{e_{jk}} < c_{\max ij} \end{cases} \tag{7.3}$$

其中

$$T = \sum_{i=1}^m \sum_{j=1}^n \max_{e_{jk} \in S_j} \frac{t_{e_{jk}}}{t_{\max}} u_{jk} \tag{7.4}$$

$$Q = \sum_{i=1}^m \sum_{j=1}^n \sum_{k=1}^{r_j} \frac{q_{e_{jk}}}{q_{\max}} u_{jk} \tag{7.5}$$

$$C = \sum_{i=1}^m \sum_{j=1}^n \sum_{k=1}^{r_j} \frac{c_{e_{jk}}}{c_{\max}} u_{jk} \tag{7.6}$$

$$u_{jk} = \begin{cases} 1, & \text{选择 } e_{jk} \text{ 加入} \\ 0, & \text{不选择 } e_{jk} \text{ 加入} \end{cases} \tag{7.7}$$

其中，$t_{\max}$, $q_{\max}$, $c_{\max}$ 为所有候选企业完成各个环节的该种性能参数中的最大值，如 $q_{\max} = \max\limits_j \max\limits_k q_{e_{jk}}$。

7.3.2 模型分析

由上述模型可以看出，要求解虚拟企业伙伴选择问题，需要考虑完成所有项目的时间、质量和成本 3 个目标函数，因此可以通过多目标优化求解虚拟企

业伙伴选择。多目标优化问题中各个优化目标函数之间是存在冲突的,一般很难找到一个最优解使得所有优化目标函数值都达到最优,比如,某个解对其中一个优化目标函数最优,有可能对其他优化目标函数不是最优的,甚至是最坏的。针对上述模型提出的多目标优化问题,其 3 个目标函数之间也是彼此冲突的,也就是说要使 3 个目标函数值同时达到最优是很难的,一般采取协调并进行折中的方法进行处理,使 3 个目标函数值最大可能是最优的。因此,求解多目标优化问题就是寻找一组彼此之间具有很好制约关系的解,这些解一般无法进行简单的相互比较,Pareto 将这种解定义为 Pareto 最优解(也称为非劣解)。

定义 7.1(多目标优化数学形式)[174-175]　以最小化作为求解目标为例,设多目标优化问题是由 p 个目标函数、q 个约束条件构成的,则多目标优化问题可以用数学表达式表示如下:

$$\begin{cases} \text{Minimize } y = f(x) = (f_1(x), f_2(x), \cdots, f_p(x)) \\ \text{s.t.} \quad h_s(x) \geqslant 0, \quad s = 1, 2, \cdots, q \end{cases} \tag{7.8}$$

其中,$x = (x_1, x_2, \cdots, x_d)$ 为 d 维决策向量,$y = (y_1, y_2, \cdots, y_p)$ 为 p 维目标向量。$f_1(x), f_2(x), \cdots, f_p(x)$ 为目标函数,$h_1(x), h_2(x), \cdots, h_q(x)$ 为约束条件。

定义 7.2(可行解)[174-175]　如果一个决策向量 x 能够满足式(7.8)中的 q 个约束条件,则称决策向量 x 为可行解。所有可行解的集合称为可行解集,记为 X。

定义 7.3(Pareto 支配)[174-175]　对于任意两个可行解 x_1 与 x_2,若满足以下条件:

$$\begin{cases} \forall l = 1, 2, \cdots, p, \quad f_l(x_1) \leqslant f_l(x_2) \\ \exists l^* = 1, 2, \cdots, p, \quad f_{l^*}(x_1) < f_{l^*}(x_2) \end{cases} \tag{7.9}$$

则称 x_1 支配 x_2,记为 $x_1 \succ x_2$。

定义 7.4(Pareto 最优解)[174-175]　如果可行解集 X 中不存在任何一个解支配 x^*,则称 x^* 为 X 中的一个 Pareto 最优解。即 Pareto 最优解是不被可行解中其他解所支配的,所有 Pareto 最优解形成的集合称为 Pareto 最优解集,记为 X_p。

定义 7.5(Pareto 最优前沿)[174-175]　所谓的 Pareto 前沿就是 Pareto 最优解集中对应的目标函数向量构成的集合。

多目标优化问题是由多个目标函数构成的,不能得到一个解使得所有目标函数值达到最优。求解多目标优化问题就是寻找逼近问题的 Pareto 最优解集或者 Pareto 前沿。

传统的多目标优化方法本质上还是利用单目标优化求解,在预处理阶段采用一定规则将多个目标转化为单个目标的求解方法,无法实现真正的多目标优化。近年来,研究者们在 Pareto 解集定义的基础上已提出了各种多目标优化方法,如非支配排序遗传算法[175]、第二代非支配排序遗传算法[176]、多目标粒子群优化[177] 等。其中,NSGA-Ⅱ 是在 NSGA 基础上进行改进的,是在标准遗传算法基础上加上非支配排序进行求解的,由于它比较简单、应用广泛,已在测试函数[178]、电网规划[179] 和软件测试[180] 等实验及实际应用中都展现了较好的性能,成为了求解多目标优化问题方法的标准选择。本章求解虚拟企业伙伴选择问题的方法就是基于 NSGA-Ⅱ 实现的。

7.4　第二代非支配排序遗传算法

2000 年,Srinivas 和 Deb 提出了第二代非支配排序遗传算法(NSGA-Ⅱ),它是在非支配排序遗传算法 NSGA 基础上改进的算法。[181] 该策略采用快速非支配排序算法,排序效率相对 NSGA 有较大提高;并提出拥挤度及其比较算子代替原本需要指定的共享半径 shareQ,简化了参数操作问题;算法执行中引入拥挤度比较算子,将其作为在快速非支配排序后选取同一层级个体的标准,这样可以使种群中的个体分布均匀,保持种群的多样性;为了不会丢弃任何最佳个体,引入了精英策略作为采样的方法,算法运行速度得到了有效的提高并保证了算法的鲁棒性。

NSGA-Ⅱ 是在第一代非支配排序遗传算法基础上提出的,针对 NSGA 的缺陷做了如下改进:

(1) 提出了快速非支配排序算法。该排序算法的计算时间复杂度和一代相比明显降低了,并合并父代种群与子代种群,从而在合并后的种群里共同选取较优个体作为下一代种群,这样确保较优的个体遗传到下一代。

(2) 引入拥挤度和拥挤度比较算子。不需要人为指定共享半径参数,将拥挤度和拥挤度比较算子作为快速支配排序后选取同一层级的标准,使得准 Pareto 域中的个体均匀扩展到整个 Pareto 域,保证种群的多样性。

(3) 引进精英策略,扩大了采样空间。将父代种群和子代种群合并产生下一代个体,保证父代中优良的个体进入下一代,使优化结果更准确。

7.4.1　快速非支配排序

P 为种群,首先对种群中的每个个体 i 都赋予两个参数:n_i 和 S_i,n_i 表示可行解中支配个体 i 的其他个体数,S_i 表示可行解中被个体 i 支配的个体集合,F 为非支配层。算法的具体操作如下:

(1) 搜索整个种群,对于每个 $i \in P$,每个 $j \in P$,若 $i \succ j$,则 $S_i = S_i \bigcup \{j\}$,否则 $n_i = n_i + 1$;若 $n_i = 0$,则 $F_1 = F_1 \bigcup \{i\}$。

(2) $k = 1$,当 $F_k \neq \varnothing$ 时,对于任意 $i \in F_k$,$j \in S_i$,令 $n_j = n_j - 1$,若 $n_j = 0$,则 $H = H \bigcup \{j\}$。

(3) 对 F_1 中每个个体赋予一个非支配序 i_{rank},然后 $k = k + 1$,得到下一个非支配个体的集合 $F_k = H$,重复以上步骤并赋予相应的非支配序,直到所有个体都已分层。

假设种群大小为 N,目标函数个数为 M,则计算 n_i 和 S_i 两个值的时间复杂度为 $O(MN^2)$。而每一次分层的时间复杂度 $O(N)$,最坏情况下,所有个体分为 N 层,即每层一个个体,可知分层总的时间复杂度为 $O(N^2)$。整个算法的时间复杂度为 $O(MN^2) + O(N^2)$,即 $O(MN^2)$。快速非支配排序算法的伪代码如下:

快速非支配排序算法的伪代码	
1:for each $i \in P$	13:$H = \varnothing$
2:$S_i = \varnothing$;$n_i = 0$;	14:for each $i \in F_k$
3:for each $j \in P$	15:for each $j \in S_i$
4:if $(i \succ j)$ then	16:$n_j = n_j - 1$
5:$S_i = S_i \bigcup \{j\}$	17:if $n_j = 0$ then
6:else $n_i = n_i + 1$	18:$j_{rank} = k + 1$;$H = H \bigcup \{j\}$;
7:end for	19:end for
8:if $n_i = 0$ then	20:end for
9:$i_{rank} = 1$;$F_1 = F_1 \bigcup \{i\}$;	21:$k = k + 1$
10:end for	22:$F_k = H$
11:$k = 1$	23:end while
12:while $F_k \neq \varnothing$	

7.4.2　拥挤度计算

为了保持种群的多样性,在 NSGA 中采用共享函数,但需要人为指定共享半径的大小。为了解决此问题,在 NSGA-II 提出了拥挤度概念,用 i_d 表示,指种群中某个个体周围其他个体的密度。一般定义为个体 i 周围包含个体 i 本身但不包含其他个体的最小长方形,如图 7.1 所示。

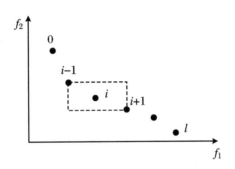

图 7.1　拥挤度计算

计算拥挤度首先要将种群中的个体根据目标函数按升序排序,然后将第一个和最后一个个体的拥挤度设为无穷大,最后计算其余个体的拥挤度。拥挤度计算方法即第 i 个个体的拥挤度为第 $i+1$ 和第 $i-1$ 个个体的所有目标函数值之差的和。具体方法如下面伪代码(其中 I 为种群中的非支配集):

拥挤度计算的伪代码
1: $l = \mid I \mid$
2: for each i , $set\ I[i]_d = 0$
3: for each objective m
4: $I = \mathrm{sort}(I, m)$
5: $I[1]_d = I[l]_d = \infty$
6: for $i = 2$ to $(l-1)$
7: $I[i]_d = I[i]_d + (I[i+1]m - I[i-1]m)/(f_m^{\max} - f_m^{\min})$
8: end for
9: end for
10: end for

7.4.3　拥挤度比较算子

为了确保算法朝着均匀 Pareto 最优前沿发展,提出了拥挤度比较算子,以保证种群的多样性。一般用符号"$\geqslant_n$"表示拥挤度比较算子,种群中每个个体经过上述非支配排序后均有两个属性:非支配序 i_{rank} 和拥挤度 i_d。拥挤度比较算子可定义如下:

$$i \geqslant_n j \quad if\ (i_{rank} < j_{rank})\ or\ ((i_{rank} = j_{rank}) \&\&(i_d > j_d))$$

具体选择方法是:比较两个个体的非支配序 i_{rank},如果非支配序 i_{rank} 不同,选择非支配序 i_{rank} 较小的个体;如果非支配序 i_{rank} 相同,选择拥挤度较大的个体。非支配序小的个体保证了种群的精英化,而同一层级上拥挤度较大的个体保持了种群的多样化,这样可以加快算法演化。

7.4.4　NSGA-Ⅱ算法主流程

为了产生子代种群 Q_t,首先对父代种群 P_t 进行遗传算子(选择、交叉、变异),并将父代种群和子代种群合并为新种群 R_t,则该新种群规模为父代或子代群的 2 倍,即大小为 $2N$。然后对新种群 R_t 快速非支配排序,并计算种群中每个个体的拥挤度,同时得到非支配集 F_i。R_t 包含了父代和子代个体,则非支配集 F_1 中的个体是 R_t 中最好的,所以先将 F_1 放入新的父代种群 P_{t+1} 中,若 F_1 中个体的数量超过种群数量 N,则从 F_1 中根据拥挤度大小选取 N 个;若 F_1 中个体数量达不到种群数量 N,再从下一层 F_2 中按同样方法选取直到 P_{t+1} 中个体数量为 N。最后再通过遗传算子产生新的子代种群 Q_{t+1}。NSGA-Ⅱ算法的伪代码如下:

NSGA-Ⅱ算法的伪代码

---

1. while ($t < t_{max}$) do

2. $Q_t = new(P_t)$　//通过遗传算子生成新种群 Q_t

3. $R_t = P_t \cup Q_t$

4. $F_i = sort(R_t)$　//计算 F_i 中个体的拥挤度

5. 设 $i = 1, P_{t+1} = \varnothing$

6. while($|P_{t+1}| + |F_i| < N$) do

NSGA-Ⅱ算法的伪代码

7. $P_{t+1} = P_{t+1} \bigcup F_i$

8. $i = i + 1$

9. end while

10. sort(F_i)　//根据拥挤度降序

11. $P_{t+1} = P_{t+1} \bigcup F_i [1:(N - | P_{t+1} |)]$

12. $Q_{t+1} = \text{new}(P_{t+1})$

13. $t = t + 1$

14. end while

7.5　基于 NSGA-Ⅱ求解虚拟企业伙伴选择

7.5.1　染色体编码

在 NSGA-Ⅱ中,传统的染色体编码采用一维编码,这种编码结构不适合本章要求解的问题,为此,将 NSGA-Ⅱ染色体编码扩充到二维二进制编码,这种编码结构简单,易理解和实现。

如图 7.2 所示,染色体编码的每一行表示一个项目 y_i,每一列表示每个环节合作企业的参与情况,用 u_{jk} 表示染色体的每个基因位,若 $u_{jk} = 1$,表示该企业参与对应的环节,反之,若 $u_{jk} = 0$,表示该企业未参与对应的环节。

7.5.2　基于 NSGA-Ⅱ求解虚拟企业伙伴选择算法

算法对应的流程图如图 7.3 所示。

基于 NSGA-Ⅱ求解虚拟企业伙伴选择算法步骤如下:

(1) 首先初始化最大迭代次数 T、种群规模 N、交叉概率、变异概率,随机生成 N 个个体组成的初始种群,并根据式(7.4)、式(7.5)和式(7.6)计算初始种群的每个目标函数值,首先假设迭代次数 $t = 1$。

$$
\begin{array}{c}
\begin{array}{ccccccccccc}
e_{11} \cdots e_{1k} \cdots e_{1r_1} & & \cdots & & e_{j1} & e_{jk} & \cdots & e_{jr_j} & \cdots & & e_{n1} \cdots e_{nk} \cdots e_{nr_n}
\end{array} \\
\begin{array}{c}
y_1 \\
\vdots \\
y_i \\
\vdots \\
y_m
\end{array}
\left[
\begin{array}{ccccccccccc}
1 \cdots 0 \cdots 1 & \cdots & 1 & 1 & 0 & \cdots & 0 \cdots 1 \cdots 0 \\
\vdots & & \vdots & & & & \vdots \\
0 \cdots 1 \cdots 1 & \cdots & 1 & 1 & 1 & \cdots & 1 \cdots 0 \cdots 1 \\
\vdots & & \vdots & & & & \vdots \\
1 \cdots 1 \cdots 0 & \cdots & 1 & 0 & 0 & \cdots & 0 \cdots 0 \cdots 1
\end{array}
\right]
\end{array}
$$

图 7.2   二维二进制染色体编码

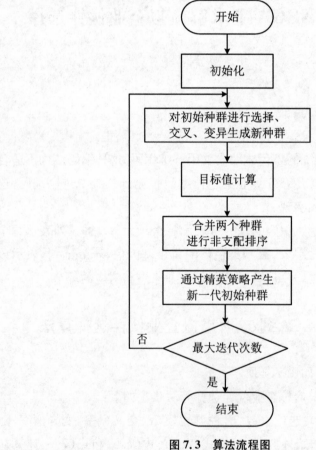

图 7.3   算法流程图

(2) 如果 $t = T$,则转到(6),否则转到(3)。

（3）在初始种群中根据式(7.3)中的约束条件选择满足约束条件的个体进行交叉和变异操作生成新种群，并根据式(7.4)、式(7.5)和式(7.6)计算每个目标函数值。

（4）合并两个种群，并通过快速非支配排序得到非支配等级，按照非支配等级和拥挤距离通过精英策略产生新一代初始种群。

（5）令 $t = t + 1$，转到(2)。

（6）输出结果。

7.6　实验结果与分析

考虑并发处理 3 个项目，每个项目已分成设计 D、采购 P、制造 M、分销 S 和物流 L 5 个环节，每个环节候选企业的数量分别为 21,18,17,16 和 16，各候选企业完成每个环节的性能参数 $t_{e_{jk}}$，$q_{e_{jk}}$，$c_{e_{jk}}$ 均已初始化，且每个项目的约束条件矩阵分别为 R_1, R_2, R_3。

$$R_1 = \begin{bmatrix} 8.0 & 5.3 & 6.4 & 4.3 & 4.5 \\ 0.78 & 0.78 & 0.75 & 0.74 & 0.74 \\ 440 & 420 & 450 & 420 & 400 \end{bmatrix}$$

$$R_2 = \begin{bmatrix} 8.9 & 5.2 & 9.0 & 4.5 & 4.0 \\ 0.82 & 0.76 & 0.77 & 0.76 & 0.75 \\ 480 & 460 & 440 & 460 & 400 \end{bmatrix}$$

$$R_3 = \begin{bmatrix} 8.2 & 7.0 & 6.5 & 7.9 & 8.0 \\ 0.79 & 0.74 & 0.76 & 0.78 & 0.74 \\ 460 & 440 & 400 & 430 & 420 \end{bmatrix}$$

采用 NSGA-Ⅱ多目标优化的 3 个项目并发处理和免疫算法(immunity algorithm, IA)[173,182] 单目标优化分别进行实验。免疫算法借鉴文献[173]的思想，即通过权重法把多目标优化转为单目标进行处理，但这里是 3 个项目依次串行处理的。一般来说，对于目前已有的优化算法，算法执行过程中，算法性能的好坏会由于参数取值的不同而产生变化。本章通过大量测试和已有工作的经验获得一组结果相对较好的参数组合。具体如下：① NSGA-Ⅱ：种群规模 100，迭代次数 500，交叉概率 0.7，变异概率 0.05。② 免疫算法：种群规模 100，迭代次数 500,接种疫苗概率 0.72,交叉概率 0.7,变异概率 0.05。

　　根据问题规模和约束条件随机生成每个测试样本,并独立运行 30 次。

　　图 7.4 是两种算法 30 次独立实验每次实验的运行时间(单位:s)。由图 7.4 可以看出,本章提出的多目标优化的虚拟企业伙伴选择比单目标优化的每次实验运行时间明显大得多。这是由于多目标优化是由多个目标函数互不支配而求解的,这样在每次迭代过程中就要耗费大量时间。本章是 3 个目标函数,分别是完成所有项目的时间 T、质量 Q 和成本 C,要求时间最小,质量最大,成本最低,它们是互不支配的,且得到一组满足约束条件的解。而单目标优化是通过权重法把多个目标函数转为一个目标函数进行处理,这样在每次迭代时耗时很少。

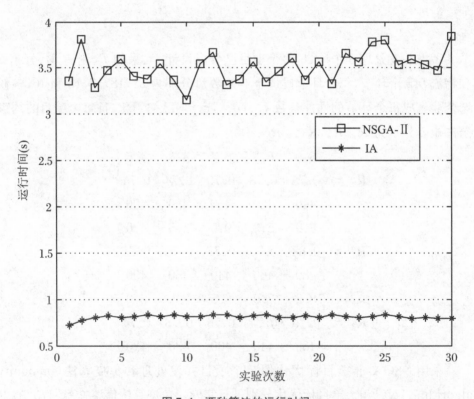

图 7.4　两种算法的运行时间

　　图 7.5 是采用 NSGA-Ⅱ多目标优化和免疫算法单目标优化得到的 Pareto 最优解集。由图 7.5 可以看出,NSGA-Ⅱ多目标优化可以搜索到多个 Pareto 最优解,最优解的分布较为密集和均匀,而免疫算法单目标优化只能得到一个最优解,这样决策者在评估决策时别无选择,NSGA-Ⅱ多目标优化可以给出更

多个最优解,决策者可以根据需要选择合理的组合方案。

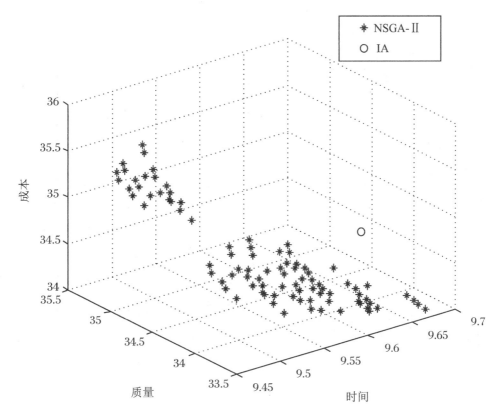

图 7.5　两种算法的 Pareto 最优解集

要对比的单目标优化问题的求解思想和文献[173]类似,3 个项目依次串行执行,采用权重法将多目标优化问题转为单目标优化问题的解,得到一个目标函数值,这里 3 个目标函数对应的权重分别取值为 0.38,0.26 和 0.36。而本章采用 NSGA-Ⅱ求解多目标优化问题的解,得到一组含有 3 个目标函数值的解。为了从本章多目标优化得到的 Pareto 最优解中找到优于单目标优化的解,由于单目标优化是 3 个项目依次串行执行的,把单目标优化时目标函数最优值对应的每个项目的 3 个目标函数值 T,Q,C 依次相加,得到一个含有 3 个目标函数值的解,将这个解和多目标优化得到的一组含有 3 个目标函数值的解进行比较。根据式(7.3)可知,最优解中 3 个目标函数值必须满足所有项目完成的时间小于或等于单目标优化的解中时间值,质量大于或等于单目标优化的解中质量值,成本小于或等于单目标优化的解中成本值。表 7.1 就是 NSGA-Ⅱ多目标优化获得的最优解支配免疫算法单目标优化的一个解及其对应的伙伴

表 7.1　较优 Pareto 最优解及其对应的伙伴选择

算法	较优 Pareto 最优解(T,Q,C)	项目	伙伴选择
NSGA-II	$(9.600000,34.456522,34.541667)$	项目 1	$\{D_4,D_{16}\}$，$\{P_5,P_{15}\}$，$\{M_7,M_9,M_{12},M_{14},M_{15}\}$，$\{S_6,S_{13}\}$，$\{L_3,L_4,L_{13}\}$
		项目 2	$\{D_6,D_8,D_{17},D_{20}\}$，$\{P_3,P_4,P_6,P_8,P_{16}\}$，$\{M_{15},M_{17}\}$，$\{S_3,S_{13}\}$，$\{L_8,L_9,L_{12}\}$
		项目 3	$\{D_6,D_{12},D_{20}\}$，$\{P_9,P_{16}\}$，$\{M_{10},M_{17}\}$，$\{S_1,S_{11}\}$，$\{L_3,L_8,L_{12}\}$
	$(9.560000,34.282609,34.447917)$	项目 1	$\{D_3,D_{16}\}$，$\{P_5,P_{15}\}$，$\{M_5,M_9,M_{12},M_{14},M_{16}\}$，$\{S_6,S_{13}\}$，$\{L_3,L_4,L_{12}\}$
		项目 2	$\{D_6,D_8,D_{17},D_{21}\}$，$\{P_3,P_4,P_6,P_8,P_{16}\}$，$\{M_{14},M_{17}\}$，$\{S_3,S_{13}\}$，$\{L_1,L_3,L_{12}\}$
		项目 3	$\{D_6,D_{12},D_{21}\}$，$\{P_9,P_{15}\}$，$\{M_{10},M_{17}\}$，$\{S_1,S_{11}\}$，$\{L_3,L_{11}\}$
	$(9.560000,34.456522,34.541667)$	项目 1	$\{D_3,D_{14}\}$，$\{P_4,P_{15}\}$，$\{M_7,M_9,M_{11},M_{14},M_{15}\}$，$\{S_6,S_{13}\}$，$\{L_3,L_4,L_{12}\}$
		项目 2	$\{D_6,D_8,D_{18},D_{20}\}$，$\{P_3,P_4,P_6,P_8,P_{17}\}$，$\{M_{15},M_{17}\}$，$\{S_3,S_{13}\}$，$\{L_8,L_9,L_{11}\}$
		项目 3	$\{D_7,D_{12},D_{20}\}$，$\{P_9,P_{16}\}$，$\{M_{10},M_{17}\}$，$\{S_1,S_{11}\}$，$\{L_3,L_8,L_{13}\}$

续表

算法	较优 Pareto 最优解(T,Q,C)	项目	伙伴选择
NSGA-Ⅱ	(9.600000,34.347826,34.385417)	项目 1	$\{D_3,D_{14}\}$，$\{P_2,P_8,P_{11}\}$，$\{M_5,M_9,M_{14},M_{17}\}$，$\langle S_5,S_{12}\rangle$，$\langle L_3,L_4,L_{11}\rangle$
		项目 2	$\{D_5,D_7,D_{17},D_{20}\}$，$\{P_4,P_6,P_8,P_{16}\}$，$\langle M_8,M_{14}\rangle$，$\langle S_3,S_{13}\rangle$，$\langle L_8,L_{11},L_{12}\rangle$
		项目 3	$\{D_8,D_{11},D_{20}\}$，$\langle P_9,P_{15}\rangle$，$\{M_{10},M_{17}\}$，$\langle S_1,S_9\rangle$，$\langle L_3,L_8,L_{12}\rangle$
	(9.533333,34.347826,34.510417)	项目 1	$\{D_3,D_{14}\}$，$\{P_2,P_8,P_{11}\}$，$\{M_5,M_{14},M_{17}\}$，$\langle S_5,S_{13}\rangle$，$\langle L_3,L_{11},L_{16}\rangle$
		项目 2	$\{D_1,D_2,D_{17},D_{21}\}$，$\{P_2,P_4,P_6,P_9,P_{16}\}$，$\langle M_5,M_8,M_{14}\rangle$，$\langle S_3,S_{11}\rangle$，$\langle L_8,L_{11},L_{13}\rangle$
		项目 3	$\{D_8,D_{16},D_{17}\}$，$\langle P_3,P_{13}\rangle$，$\{M_2,M_5,M_{17}\}$，$\langle S_1,S_{10}\rangle$，$\langle L_3,L_8,L_{14}\rangle$
	(9.600000,34.434783,34.468750)	项目 1	$\{D_3,D_{16}\}$，$\{P_2,P_8,P_{10}\}$，$\{M_5,M_{14},M_{17}\}$，$\langle S_5,S_{13}\rangle$，$\langle L_3,L_4,L_{11}\rangle$
		项目 2	$\{D_1,D_2,D_{16},D_{21}\}$，$\{P_3,P_4,P_6,P_7,P_{16}\}$，$\langle M_5,M_9,M_{14}\rangle$，$\langle S_3,S_{13}\rangle$，$\langle L_8,L_9,L_{12}\rangle$
		项目 3	$\{D_6,D_{12},D_{20}\}$，$\langle P_9,P_{16}\rangle$，$\{M_1,M_5,M_{17}\}$，$\langle S_1,S_{11}\rangle$，$\langle L_3,L_8,L_{12}\rangle$

续表

算法	较优 Pareto 最优解 (T,Q,C)	项目	伙伴选择
NSGA-II	$(9.520000,34.282609,34.520833)$	项目 1	$\{D_4,D_{17}\}$，$\{P_6,P_{15}\}$，$\{M_7,M_9,M_{11},M_{14},M_{15}\}$，$\langle S_6,S_{13}\rangle$，$\{L_3,L_4,L_{11}\}$
		项目 2	$\{D_6,D_8,D_{17},D_{19}\}$，$\{P_2,P_4,P_6,P_8,P_{16}\}$，$\{M_5,M_9,M_{13}\}$，$\langle S_3,S_{13}\rangle$，$\{L_8,L_{11},L_{13}\}$
		项目 3	$\{D_6,D_{12},D_{20}\}$，$\{P_9,P_{16}\}$，$\{M_1,M_4,M_{17}\}$，$\langle S_1,S_{13}\rangle$，$\{L_3,L_8,L_{10}\}$
	$(9.586667,34.326087,34.437500)$	项目 1	$\{D_3,D_{14}\}$，$\{P_1,P_8,P_{10}\}$，$\{M_7,M_9,M_{12},M_{14}\}$，$\langle S_7,S_{13}\rangle$，$\{L_3,L_4,L_{12}\}$
		项目 2	$\{D_6,D_8,D_{20}\}$，$\{P_3,P_4,P_6,P_8,P_{16}\}$，$\{M_5,M_{15},M_{17}\}$，$\langle S_5,S_{13}\rangle$，$\{L_8,L_{11},L_{12}\}$
		项目 3	$\{D_8,D_{16},D_{17}\}$，$\{P_3,P_{13}\}$，$\{M_2,M_5,M_{17}\}$，$\langle S_1,S_9\rangle$，$\{L_3,L_8,L_{14}\}$
	$(9.506667,34.391304,34.531250)$	项目 1	$\{D_3,D_{14}\}$，$\{P_1,P_8,P_{11}\}$，$\{M_7,M_{11},M_{12},M_{14}\}$，$\langle S_6,S_{13}\rangle$，$\{L_3,L_4,L_{11}\}$
		项目 2	$\{D_6,D_8,D_{17},D_{20}\}$，$\{P_3,P_4,P_6,P_8,P_{16}\}$，$\{M_{15},M_{17}\}$，$\langle S_3,S_{13}\rangle$，$\{L_8,L_{11},L_{13}\}$
		项目 3	$\{D_8,D_{15},D_{17}\}$，$\{P_8,P_{16}\}$，$\{M_1,M_4,M_{17}\}$，$\langle S_1,S_{13}\rangle$，$\{L_3,L_8,L_{13}\}$

续表

算法	较优 Pareto 最优解 (T,Q,C)		伙伴选择
IA	$(9.666667,34.282609,34.572917)$	项目 1	$\langle D_{11}，D_{14}，D_{19}\rangle，\langle P_7，P_8\rangle，\langle M_7，M_{10}，M_{11}\rangle，\langle S_4，S_{13}\rangle，\langle L_3，L_{11}，L_{12}\rangle$
		项目 2	$\langle D_1，D_{13}，D_{14}，D_{20}\rangle，\langle P_7，P_{10}\rangle，\langle M_4，M_{10}，M_{14}\rangle，\langle S_1，S_2，S_{12}，S_{14}\rangle，\langle L_1，L_5，L_6\rangle$
		项目 3	$\langle D_5，D_8\rangle，\langle P_{14}，P_{16}\rangle，\langle M_3，M_6，M_{11}\rangle，\langle S_4，S_5，S_{13}，S_{16}\rangle，\langle L_6，L_{11}，L_{16}\rangle$

选择情况。从表 7.1 可以看出,本章基于 NSGA-Ⅱ多目标优化的虚拟企业伙伴选择可以搜索到 9 组支配单目标优化的解,这样可以给决策者在评估决策时提供 9 种决策方案,而单目标优化只有唯一一种方案。

本 章 小 结

本章研究了一种基于重叠联盟和 NSGA-Ⅱ多目标优化的虚拟企业伙伴选择算法,实现了多个项目并发处理多个环节的伙伴选择情况。把多目标优化思想应用到虚拟企业伙伴选择中是本章的一个创新点。实验表明,该方法可以获得多个 Pareto 最优解,这样为决策者提供多种决策方案,决策者可以从中选择最好的一种方案。

第8章 基于重叠联盟的水电建设项目团队效益分配及评价

水电企业需要不断提高竞争力才能在日益激烈的竞争中生存。在竞争激烈的水电建设项目中,企业之间展开合作,获得强大的竞争力是目前通用的形式。为促进我国水电建设项目团队合作发展,对水电建设项目团队合作进行研究有重要意义。本章首先在重叠联盟基础上构建水电建设项目团队模型;然后在多劳多得的分配原则下,以相互协商的方式分派团队任务,将水电企业完成的任务与相应的单位效益相乘并求和得到其最终效益,对水电建设项目团队成员进行效益分配;最后运用AHP与云模型联合的评价方式,对水电建设项目团队进行评价,以其分值大小为依据对其排名,得出最后的评价结果。

8.1 引 言

随着社会文明的快速发展以及科学技术的进步,各国对工程项目的要求越来越高,随之而来的是建设项目越来越大型化,工程越来越复杂。建设项目不仅要考虑到各方面的功能应用,还要兼顾到社会、经济、环境、文化等各方面的因素。[183]大型、复杂的建设项目首先带来的就是对建设企业更加高标准的要求。在施工人员及设备的规模越来越大,施工标准的要求越来越高,专业技术的难度越来越大的同时,还要求建设企业尽可能地降低施工成本。[184]这就使得绝大多数企业单独依靠自身的能力已经无法完成现代的工程建设项目。在水电建设项目中,水电企业需要不断提高竞争力才能在日益白热化的竞争中生存下来。在自身资源有限的情况下,想要提升自我竞争力,除了增加自身核心资源储备外,还可以寻求企业之间的合作,提高竞争力。[185]因此,企业寻求拥有各种资源、技术的企业来合作完成水电建设工程项目是企业保护自身利益的迫切需求。国内企业的合作以及国际间企业的合作不可避免地成为了水电建设工程项目的趋势。[186]

国际化市场开放带来竞争的同时,也把发达国家先进的管理方法带到了国内。这些管理方法在国内市场的应用,必然会对中国工程建设行业产生影响,因此对多企业参与的建设工程项目合作管理机制进行研究有着迫切需求。多企业合作模式即多个独立主体在保持相互独立的前提下相互合作的模式。[187]此种合作模式已广泛应用于建设工程项目中。在工程项目建设管理中,合作各方之间通常被认定为彼此竞争的关系。他们以为合作伙伴取得的好处多,他们本身就相对取得得少。因此,在项目中各方之间经常出现对抗性。一个建设项目由于受各种外部环境影响,其项目建设的各个阶段往往存在不连续性,一个施工目标往往要分各个时段间断地施工,工作面之间避免不了相互影响,这就为项目合作施工的管理与协调增加了许多困难。[188]在这样的工程建设环境中,合作方之间极易产生误解,爆发冲突,出现争端,进而对各方合作产生影响,不利于项目的整体实现。因此,在面临合作方越来越多的复杂工程建设项目时,对建设项目多方合作模式进行研究,建立公平、合理和高效的合作关系,使得各合作方减少对抗,齐心协力完成项目建设具有重大意义。目前虽然我国水电项目建设企业之间的合作越来越多,但是关于企业之间如何合作的研究并不充分,因此迫切需要对水电建设项目企业合作模式进行分析和研究。

目前水电建设工程项目往往会通过招投标来确定参建单位。但是,仅仅通过对投标单位个人能力的评价无法正确估量多企业合作间的优劣,也无法充分协调各合作企业间利益的纠葛。在此背景下,研究大型水电建设项目企业如何进行合作,如何进行利益分配对我国水电事业发展具有重大意义。

8.2　相　关　工　作

目前,对工程建设项目合作的研究主要集中在合作的模式、影响合作的因素以及合作伙伴的选择上。在现实应用中多采用的模式为 Partnering 模式。Partnering 模式由 Latham[189] 和 Egan[190] 提出,旨在达到较高的建设管理效率。Partnering 模式即合作参与建设的所有成员共同组成一个团队,团队目标一致,团队成员之间没有地位的差别,各自完成自己所负责的工作,共同解决团队问题,共荣共赢。[191]CII(construction industry institute)[192]对 Partnering 模式给出了自己的解释,即多个组织为实现共同目标,充分利用各种资源,以信任和满足各方价值要求为基础,建立的一种契约关系。Li 等结合两种模型,将项目合作伙伴模式形成分为"形成、应用、完成"3 个阶段;而战略合作伙伴模式的建立即合作方在一个项目的 3 个阶段完成后继续开展新的 3 个阶段。[193]Love经过研究,认为战略合作伙伴模式对于私人的项目更为合适,而项目合作伙伴模式则都适合。[194]Eriksson 以博弈论为理论依据,根据囚徒困境心理对参与项目建设的各方策略方案进行了分析,总结出对合作产生影响的一些因素。[195]Smith 在对 BOT 项目的研究基础上提出经营者的经验是否丰富、项目公司生存能力的强弱、融资结构是否良好、能否获得政府支持等因素,对项目能否成功有重要决定作用。[196]Wang 研究和分析了大量的文献,从中总结了包括融资能力、管理能力以及 HSE 等 18 个因素作为评价指标,并以此为基础建立了相应的评价模型。[197]

在关于影响项目合作成功的因素研究的基础上,一些学者对项目合作伙伴如何选择也进行了一些研究。Zhang 结合前人的研究理论,通过实践探索了合作伙伴评价的方法和标杆,提出了 4 个评价合作伙伴的标准:融资能力、技术能力、管理能力及 HSE 控制能力,以此为基础建立了伙伴选择评价体系,并进一步确定了各指标的权重。[198]Cao 等研究发现,使用层次分析法可以在一定程度上避免因为有大量因素影响致使指标不能合理量化的问题在伙伴选择的时候出现。[199]Wu 等利用函数的特性,确定了在以时间为变量的约束下,以达到最低成本的方案为目标,选取其合作伙伴。[200]Ho 等为研究虚拟企业的合作问题,提出了企业核心力,企业之间的通信情况,企业参与协作的情况以及企业之间的协调情况等评价虚拟企业的因素,并建立了以这些因素为指标的评价模型。[201]Fischer 等将合作各方之间看作相互竞选的关系,将蚁群算法运用到这个竞选中,选出最好的竞选者。[202]Amid 等通过对影响合作关系中的因素进行分析,发现各个因素并不是单独存在的,它们有着千丝万缕的关系,一个因素的改变一定会引起其他因素的改变,为避免这些因素间的关系带来的影响,采用ANP 对合作影响因素进行分析,并建立了评价模型。[203]Kumaraswamy 等提出了以企业的技艺水平、成长潜力和关系处理本领为标准的伙伴选择体系,并经过论证,证明了它是可行的。[204]

团队完成项目任务,获得一定的效益,团队成员在项目中出力不同,完成的任务也不一样,如何分配效益才能保证公平呢? 一些学者为解决这个问题进行了一些研究。叶怀珍提出了分配的几种准则。[205]马士华等以技术创新为影响因素,将 Shapley 值法进行了改进,实现合作者的效益分配。[206]生延超对联盟的利益分配进行了研究,以资源在联盟中的价值为依据,将 Shapley 值法进行了改进,建立了适合联盟的分配模型。[207]Bierly 等对差别情势下的同盟好处分派进行了研究。[208]孙鹏等在区域创新中提出网络间合作的形成,并利用 Shapley 值法研究了网络中虚拟伙伴合作时的利益分配策略。[209]赵晓丽等考虑到供应链模式不同,在同一分配方式不够公平的前提下,从煤电企业效益分配研究出发,提出效益分派因子模式应对纵向供应链的效益分派问题,对于战略合作供应链则提出了贡献及风险补偿等原则,研究了不同供应链模式下不同的效益分配方式。[210]戴建华等考虑到合作企业在合作中所需承担的风险,用 Shapley 值法对动态联盟中合作企业的利益划分进行了研究,并提出了相应的划分策略。[211]胡绪华等考虑到应诉同盟中不同企业的贡献和所需要负担的风险不同,利用修正的 Shapley 值法对集群企业的好处划分进行了研究。[212]吴绍忠考虑到利益分配中风险的影响,在 Shapley 值分析的基础上研究了基于成本节约形成的联盟以及其利益分配策略。[213]

团队形成的核心问题在于合作伙伴的选择上。为了解决这个问题,一些学者针对国内实际情况开展了一些研究。覃正等为解决企业如何选择最优合作者的问题,提出了将模糊理论与数学相结合的选择方法。[214]马鹏举等结合前人的研究方法,使用模糊 AHP 法对有意愿参与合作的竞选的企业进行了排序,为企业选择合作者提供了依据。[215]杜雪梅通过对文献的研究分析,结合多名专家的意见选择了 21 个评价指标,在此基础上构建了指标体系用来进行合作者的选择,并将这些指标以熵权的方法进行赋权,依据其值大小,依次排序;还利用模糊评价的方法,结合上述评价体系提出了多层次模糊综合评价模型。[216]曹杰等通过文献分析的方法,将各种已有的模糊选择方法进行了总结分析,并进一步利用改进的 AHP 方法,将数据简化,得出评价结果。[217]一些学者将博弈论应用到了合作伙伴的选择中。韩传峰等以建立战略伙伴关系为前提,为工程建设各方提出了重复博弈模型,并以此为依据对方案的可行性与各参与方的意愿强弱进行了分析。[218]王光军等采用博弈论的方法,将盟主企业与其他的一些备选企业放在博弈的角度上,快速选出较强的备选者,减少备选企业的数量,达到尽快选出合作者的目的。[219]面对多目标的企业合作伙伴选择问题,一些学者也做出了研究。宋波等将迭代法应用到群决策中,建立多目标决策系统,利用群决策选择合适的伙伴。[220]樊友平对影响合作的因素进行了分析,在此基础上构建了指标体系,并采用咨询专家的方法将各因素定量化,构建了多目标的合作者选择模型。[221]高旭阔等对前人的研究进行了总结分析,并在此基础上结合可拓评价,提出了物元评价的方法,通过对待选合作者的综合评价,确定最合适的合作者。[222]倪慧结合 PWLC 理论提出了关于多企业合作项目合作者选择的初筛评价指标体系,并通过熵权法得到每个初筛指标的权重,采用聚类分析法将各个待选者的优势划分了区间。[223]

因此,本章将结合我国水电建设项目实际情况,针对水电建设项目团队效益分配问题及其评价展开研究,旨在为团队的效益提供一种合理的分配方法,并为水电建设项目的合作团队选择提供一种适合的评价方法,维护团队的稳定,提高水电建设团队的竞争力。

8.3　相关理论概述

8.3.1　层次分析法

1. 层次分析法的概念

AHP 是层次分析法的简称,这种方法是由萨蒂针对多目标系统决策问题提出的,是将难以用定性描述比较的指标转化为定量数值进行评价分析的一种决策方法。[224]他将需要决策的问题分成包括目标层、准则层、方案层在内的不同层级,分别以每层级相对的重要程度为决策依据,找出对实现目标来说占最大权重的方案,即为最优方案。

在人类社会中,人们经常会面临选择,涉及生活的方方面面。比如说出门坐公交车还是出租车,打车还是自驾,步行还是骑车;吃中餐还是西餐,在家吃还是去饭店,去普通的饭馆还是星级酒店等。人们在做出决定之前,往往需要考虑诸如成本、健康、环境、舒适等因素。这些相互之间存在着种种关联的因素相互影响,形成了一个复杂的选择问题。以往当我们去做这道选择题时,由于一些因素我们难以用准确的数值去度量,在相互比较之间很难做出判断。而层次分析法却可以通过构建判断矩阵将难以量化的因素相对量化,为我们的选择提供合理的依据。

AHP 运用起来很简捷,计算量小,系统性也比较强,便于理解。这些特点使层次分析法获得了很多学者的喜爱,在众多已知的研究领域内发挥着不容忽视的作用。

2. 层次分析法决策步骤

AHP 的理论不难理解,决议的进程也相对简单。使用层次分析法对某一目标问题进行决策时,首先要理清这个目标的基本情况,找出影响目标的因素。例如,目前国内年轻人比较关注的买房问题,现在国内房价高,一套房子的首付可能就要掏空父母一辈子的积蓄,所以选房时要慎之又慎。买房时我们通常要考虑房子的大小、位置、价钱、周边环境等方面的因素,这些因素就是我们买一个合适的房子这个目标的影响因素。通过对这些因素的分析,理清它们的关联,并以此为基础将想要达到的目标与各因素、备选方案分成不同的层级。

层级结构构造起来后,要以对目标的影响水平为准则,成立判定矩阵。判定矩阵建立后,计算出矩阵最大的特征值与特征向量[225],判定其一致性。一致性通过的数据可以被接纳,没有通过的数据不被接受,要对判断矩阵进行调整,最终使所有判断矩阵都能通过一致性检验。最后以各方案对目标的综合影响权重为准则,将其排列,排名靠前者即为优选方案。

(1) 建立层级结构

要想建立合理的层级结构,首先要对研究的目标进行系统的分析,找出影响这个目标的主要因素,并将其提炼,使之成为便于评价的指标,然后总结可以达到这个目标的可供选方案,将其分层排列。

(2) 构建判断矩阵

构建相对重要性取值表,通过对所要解决问题的系统分析,以对上一层的相对重要性为依据,对层级结构中同层元素进行比较,得到判断矩阵。重要性评分见表 8.1。

表 8.1　重要性评分表

重要性	分值
同等重要	1
稍微重要	3
一般重要	5
比较重要	7

续表

重要性	分值
特别重要	9
介于以上两者之间	(2,4,6,8)
相反	取倒数

(3) 检验

判断矩阵构建完成之后,首先要求出矩阵的最大特征值与其所对应的特征向量。由其最大特征值和维数求出矩阵的一致性指标 CI,联合 RI,求得矩阵的随机一致性指标 CR,若 $CR<0.1$,则可行;反之,不通过。具体步骤如下:

① 计算 CI,$CI=\dfrac{\lambda_{\max}-n}{n-1}$,式中 n 为所要判断一致性的矩阵的阶数。

② 从表 8.2 中选取所要判断的矩阵所对应的维数所对应的值 RI。

表 8.2　维数对照表

维数	1	2	3	4	5	6	7	8	9	10	11	12
RI	0	0	0.52	0.89	1.12	1.26	1.36	1.41	1.46	1.49	1.52	1.54

③ 计算 CR,$CR=CI/RI$。

当 $CR<0.1$ 时,说明判断矩阵满足一致性要求。

(4) 计算综合权重

将检验通过的判断矩阵的特征向量进行归一,得到每个指标关于更高一级指标的相对权重,将各因素加权求和得出方案层对于目标的总权重,并按其权重大小进行排序,获得最终结果。

层次分析法可以综合出每个方案对总目标实现的重要程度,简单明了地做出方案的选择。这种方法特别适用于目标较多且不易于确定量值的方案评定。

8.3.2　协商分配

1. 协商的概念

协商,顾名思义,是指配合筹议以便获得一致意见。在日常生活中,人与人之间,集体与集体之间,甚至国与国之间,免不了相互打交道。在相处的过程中,必然会发生一些争议。遇到这些争议问题时,如何面对并解决这些争议是摆在所有人面前的难题。争议从古到今一直存在,解决的办法也在不断地改进,从以力服人到以理服人,人们已经习惯于通过沟通解决争议。现如今协商已成为人类社会解决争议的主要手段。

2. 协商分配

协商分配即由相互协商的方法分派共有的东西。团队共同完成一定的任务,获取相应的效益。然后团队成员之间通过相互协商划分这份效益,避免利益冲突,形成争端,影响合作以及团队的稳定。

(1) 协商分配的过程

① 确定协商的准则

协商分配要遵循一定的原则,保证分配的过程有理可依,得到团队成员的认可。应用较广的分配原则有按需分配、按劳分配等。分配原则不同,成员获得的效益也会有所差异。

② 确定协商的标准

协商要有可以依照的尺度。效益的划分须有详细量化的过程,这个过程需要有既定的标准。比如"按劳分配",这个"劳"是完成的任务,还是付出的劳动,需要具体到一个量化指标才能进行计算。

③ 确定协商的步骤

协商要有自己的步骤。何时开始,何时结束,遇到争议如何解决,是协商的基本过程。这就需要对协商的步骤做出规划。当遇到需要协商的问题时,可以按照步骤一步步进行。

④ 效益的计算

以规定的准则,按照既定的标准、步骤对需要协商的问题完成协商,得到协商结果,然后以协商结果为依据进行效益的计算。

(2) 协商分配的优点

① 民主

团队成员地位平等,协商分配可以综合考虑每位成员的意见,大家共同制定原则与标准,充分体现了民主的特点。

② 和谐

团队成员之间通过相互协商的方式解决争议,避免出现团队合作中的利益冲突与争端,保持团队成员间的良好合作关系,营造和谐氛围。

③ 公平合理

协商分配是在全体成员之间通过相互协商完成的利益分配方式,在共同制定的准则下,成员间相互沟通,利益公开,主动参与,以大家都能接受的方式划分效益,公平合理。

8.4　基于相互协商的水电建设团队效益分配

水电建设项目团队参与水电建设可以获得一定的效益,这份效益就是企业合作的根本目的所在。每一个项目都有其自身的效益,项目团队参与的项目不同,收获的效益就会有所不同。一般来讲,越是大型的水电项目所能获得的效益就越多,所以水电建设企业都希望尽可能多地参与能获得较大效益的水电建设项目,也就是大型水电建设项目。同时,企业参与每个项目都能获得收益,为了保证利益的最大化,每个企业都希望可以同时参与多个水电建设项目,获得尽可能多的效益。企业以团队的形式参与项目,团队完成项目建设获得效益再分配给团队的成员。

通过对文献的分析发现,目前团队合作中大部分利益划分是根据 Shapley 值法进行的。Shapley 值法强调平分团队的利益,对于在团队中各个企业所处地位不同、所做的贡献也不相同的情况没有给予充分的考虑,疏忽了贡献多的成员的利益,致使团队的矛盾,影响团队的稳固。本章通过对前人的研究分析,综合考虑了团队各成员贡献与收益的公平性,采取多劳多得的分配原则[226],以水电项目合作团队中各成员所投入的资源在团队中所占的比重为基础,以相互协商的方式划分效益,通过实例验证并与 Shapley 值法进行比较。

8.4.1　模型介绍

在水电企业形成的合作团队中,每个企业投入的资源有人员、资金、设备、技术、资质等。每个投入资本的企业都会完成一定的工作。按照多劳多得的原则,完成任务多的企业盈利多,完成少的企业盈利少。在此以相互协商的方式划分任务,并以所完成任务付出的资源价值为标准划分效益。模型如下:

设在某项水电项目中有 n 家合作企业,用 a_j 表示,它们形成的集合用 A 表示,即 $A = \{a_1, a_2, \cdots, a_j, \cdots, a_n\}$,$j \in \{1, 2, \cdots, n\}$,有 m 个需要完成的任务,用 t_i 表示,任务集合用 T 表示,即 $T = \{t_1, t_2, \cdots, t_i, \cdots, t_m\}$,$i \in \{1, 2, \cdots, m\}$。

定义 8.1　每一个企业都有它自身与其他企业存在差异的资源,用公式表示,即设每个企业都有 r 种资源,资源向量为

$$E_j = [e_1^j, e_2^j, \cdots, e_r^j], \quad 0 \leqslant e_k^j < \infty, j = 1, 2, \cdots, n$$
$$k = 1, 2, \cdots, r, r \in \mathbf{N}$$

定义 8.2 每个 $t_i \in T$ 都有一定的资源需求：

$$F_i = [f_1^i, f_2^i, \cdots, f_r^i], \quad 0 \leqslant f_k^i < +\infty, i = 1, 2, \cdots, m$$

定义 8.3 每种资本都有它对应的价值，用 r_k 描述第 k 种资本价格。为了计算简便，将资源价格换算成统一单位，计算出每样资源在所有资源中所占权重：

$$\lambda_k = \frac{r_k}{\sum_k r_k}, \quad k = 1, 2, \cdots, r, \sum_{k=1}^{r} \lambda_k = 1$$

定义 8.4 企业之间为完成任务 t_i 形成合作团队 S_i，用 $E_{s_i} = [e_1^{S_i}, e_2^{S_i}, \cdots, e_r^{S_i}]$ 表示这个团队所具有的资源。完成的任务不一样，所获得的效益也不一样，设每一个任务可以得到的效益为 p_{s_i}，S_i 完成全部任务所能获得的效益：$P_{s_i} = [p_1^{s_i}, p_2^{s_i}, \cdots, p_m^{s_i}]$。

定义 8.5 企业投入的某种资源的权重系数与总效益的乘积即为这项资源能带来的效益。这里引入单元效益的观点，第 k 种资本所能带来的单元效益为

$$\alpha_k^i = \frac{\lambda_k p_{s_i}}{f_k^i}, \quad k \in \{1, 2, \cdots, r\} \tag{8.1}$$

定义 8.6 每个参与任务的企业 a_j 在任意 t_i 中都有它实际投入的资源量，用向量 Z_{ji} 表示这些资源量：$Z_{ji} = [z_1^{ji}, z_2^{ji}, \cdots, z_r^{ji}]$，当 a_j 承担了 t_i 的任务量时，$Z_{ji} > 0$，反之，$Z_{ji} = 0$。

首先，对于企业来说，每个任务的资源实际投入量只能在其资源所有量之内，即有 $0 \leqslant z_k^{ji} \leqslant e_k^j, k \in \{1, 2, \cdots, r\}$。其次，团队完成全部任务实际投入的总资源量在其具备的资源总量之内。如果不满足上述条件，团队就不足以完成任务，无法获得收益，所以必须满足 $\sum_{i=1}^{m} z_k^{ji} \leqslant e_k^j$。团队付出的资源量也就是团队中每个企业的实际投入资源量之和，即 $E_k^{S_i} = \sum_{a_j \in S_i} z_k^{ji}, k \in \{1, 2, \cdots, r\}$，这也是完成任务所需的资源，所以有 $E_k^{S_i} = \sum_{a_j \in S_i} z_k^{ji} = F_i$。

定义 8.7 每个 $a_j \in A$，在任意任务 t_i 中都有它所承担的任务量，用向量 L_{ji} 表示企业所承担的任务量：$L_{ji} = [l_1^{ji}, l_2^{ji}, \cdots, l_n^{ji}]$，如果 a_j 在任务 t_i 中承担了任务量，则 $L_{ji} > 0$，反之，$L_{ji} = 0$。

定义 8.8　每个企业所获得的效益：$G = [G_1, G_2, \cdots, G_n]$。每个任务中企业所投入资源的单位效益与它相应投入的资源量的乘积即为它从这个任务中所获得的效益，即 $a_j \in S_i$，有

$$G_{ji} = \sum_{k=1}^{n} \alpha_k^i z_k^{ji} \quad 且 \quad \sum_{j=1}^{n} Z_{ji} = F_i \tag{8.2}$$

由以上可知

$$\sum_{a_j \in S_i} G_{ji} = p_{s_i} \tag{8.3}$$

$$\sum_{i=1}^{m} Z_{ji} \leqslant E_j \tag{8.4}$$

8.4.2　效益分配策略

水电企业形成的团队足以完成每个任务时，企业之间通过相互协商的方式获得自身需承担的任务，并由所承担的任务量确定其实际的资源投入量。将企业投入的资源量与其对应的资源单位效益相乘，其集合即为企业所能得到的效益。步骤如下：

(1) 如果 $T = \varnothing$，结束；否则开始 t_i。

(2) t_i 对 A 中每个成员 a_j 发布自身任务量 $(F_i, 0)$。

(3) a_j 收到 t_i 的任务量后，经过测算后给出自身想承担的任务 (F_i, L_{ji})。由于企业具有追求利益最大化的天性，所以在自身能力范围内会尽可能地要求更多的任务。所以 L_{ji} 满足

$$\sum_{a_j \in S_i} l_k^{ji} \geqslant F_k^i, \quad k \in \{1, 2, \cdots, r\}$$

(4) 由于水电企业团队资源不足的话不能完成任务获得收益，所以团队总资源会大于或等于任务的需求资源。每个企业为获得更大利益，会尽可能多地要求任务，使得索求任务量大于或等于任务需求，即

$$l_k^{ji} = \begin{cases} e_k^j, & e_k^j < f_k^i \\ f_k^i, & e_k^j \geqslant f_k^i \end{cases} \quad k \in \{1, 2, \cdots, r\} \tag{8.5}$$

为达成合作及避免资源浪费，因此对

$$\hat{l}_k^{ji} = l_k^{ji} - \frac{1}{|S_i|} \left(\sum_{a_j \in S_i} j_k^{ji} - f_k^i \right), \quad k \in \{1, 2, \cdots, r\} \tag{8.6}$$

调整企业承担任务量。

（5）如果尚未协商成功的企业满足 $\hat{l}_k^{ji} \geqslant 0$，则 t_i 再次出价（$F_k^i, \hat{l}_k^{ji}$），因为 $\hat{l}_k^{ji} \leqslant E_k^j$，所以 a_j 与 t_i 协商成功，最后 a_j 为任务付出资源 $Z_k^{ji} = \hat{l}_k^{ji}, k = 1, 2, \cdots, r$。

（6）如果某些成员的 $\hat{l}_k^{ji} \leqslant 0$，表明其所持资源不足，经式（8.6）调整后，不再参加任务 t_i。这时 a_j 进行出价（F_k^i, E_k^j）。由于 t_i 的报价与 a_j 所有的资源刚好相等，所以协商成功，企业所贡献资源 $Z_k^{ji} = E_k^j$。对于尚未满足的资源需求量 $\hat{F}_i = F_i - \sum_{a_j \in S_i} Z_{ji}$，转到（2），开启下一波协商。

（7）$a_j \in S_i, \hat{E}_j = E_j - Z_{ji}$，如果 $\hat{E}_j = 0$，表明 a_j 已无资源，不再接受任务。

（8）$T = T - \{t_i\}$，转到（1）。

经由以上过程，可将项目中的全部任务分派完毕。由式（8.1）算出每种资源的单位效益，再通过式（8.6）得到企业的任务量 $\hat{l}_k^{ji}$ 和需投入的资源 Z_k^{ji}，由式（8.2）即可得到企业的效益 G_{ji}。企业完成所有任务可得收益

$$G_j = \sum_{i=1}^m G_{ji}, \quad j \in \{1, 2, \cdots, n\} \tag{8.7}$$

8.4.3　实验及结果分析

假设有 3 个水电企业 $A = \{a_1, a_2, a_3\}$，2 个要完成的项目 $T = \{t_1, t_2\}$。每个企业具备的资源分别为

$$E_1 = [3, 2], \quad E_2 = [2, 1], \quad E_3 = [3, 4]$$

任务所需资源向量分别为

$$F_1 = [4, 3], \quad F_2 = [3, 4]$$

团队合作完成项目，从每一个项目所能取得的效益向量：

$$P = [p_1, p_2] = [10, 11]$$

资源价格不同，为便于比较，按价格计算其权重，得到

$$\lambda = \left[\frac{2}{5}, \frac{3}{5}\right]$$

（1）假设已形成联盟 $S_1 = \{a_1, a_2\}$，可知此联盟足以完成任务 t_1，并获得效用 $p_1(S_1) = 10$。由式（8.1）计算出单位效益

$$\alpha_1 = [1, 2]$$

企业之间相互协商分别得到任务

$$Z_{11} = \left[\frac{5}{2}, 2 \right], \quad Z_{21} = \left[\frac{3}{2}, 1 \right]$$

在 a_1, a_2 都能完成各自任务的情况下,它们可得效益为 $G_{11} = 6\frac{1}{2}$,$G_{21} = 3\frac{1}{2}$,此时 a_2 资源已耗尽,无法参与任务 t_2。这不满足 a_2 的利益,极易影响企业间的合作。

(2) 假设存在联盟 $S_2 = \{a_1, a_2, a_3\}$,共同完成求解任务 t_1, t_2,实际可得效益 $p_{12}(S_2) = 21$。由式(8.1)计算出单位效益

$$\boldsymbol{\alpha}_2 = \left[\frac{6}{5}, \frac{9}{5} \right]$$

企业之间相互协商分别得到任务:

$$Z_1^{12} = \left[2\frac{2}{3}, 2 \right], \quad Z_2^{12} = \left[1\frac{2}{3}, 1 \right], \quad Z_3^{12} = \left[2\frac{2}{3}, 4 \right]$$

在 a_1, a_2, a_2 都能完成各自工作的情况下,它们可得效益为

$$G_1^{12} = 6\frac{4}{5}, \quad G_2^{12} = 3\frac{4}{5}, \quad G_3^{12} = 10\frac{2}{5}$$

将本章方法得到的成果与 Shapley 值方法效益分配的结果进行对比,见表 8.3。

表 8.3　本章方法得到的成果与 Shapley 值方法效益分配的结果对比表

方法	a_1 单独收益	a_1, a_2 联合收益		a_1, a_2, a_3 联合收益		
	a_1	a_1	a_2	a_1	a_2	a_3
Shapley 值方法	0	5	5	7	7	7
本章方法	0	6.5	3.5	6.8	3.8	10.4

由表 8.3 可见,当团队不足以完成任务时,其不能够获得效益,这也是团队存在的基础。Shapley 值方法追求利益的均分,在团队成员投入存在差异的情况下,依然均分团队的收益,会使得投入多的企业产生不满,使得联盟存在着不稳定的因素;本章策略在团队能够形成并能够获得收益时,采用相互协商的方式划分任务量,并根据完成任务所投入的资源价值分配团队获得的收益,使得团队各成员在获得尽可能多的效益的前提下,因投入资源价值大小存在收益差异。这样一方面使团队成员更觉得公平,另一方面可以刺激团队成员生产的积极性。显而易见,本章的分配方式有利于团队的稳定和发展,相对于 Shapley 值方法更为合理。

8.5　基于 AHP 与云模型的水电建设项目合作团队评价

　　水电建设项目团队合作即多个独立的水电企业相互协作,组成一个团队,共同参与水电项目的建设。在水电建设项目越来越复杂、对建设企业要求越来越高的形势下,众多水电企业选择通过合作,构建团队来完成水电建设项目。水电建设项目中的团队合作越来越多,但是关于水电建设项目团队合作的研究并不充分,现有的评价方法也不能切合水电建设项目团队合作的实际情况。针对这种情况,本章结合水电建设项目团队合作的实际情况,将层次分析法与云模型和赋值法相结合,提出了基于层次分析法与云模型的水电建设项目合作团队评价方法。这种方法将两者的优点结合起来,利用层次分析法的判断矩阵确定指标权重,并将这些权重代入云模型中求得待选团队关于这些指标的分值,按其分值大小排名,并以最后一名得 1 分,每靠前一名增加 1 分的方法为待选团队赋值。最后综合将这些关于不同领域的分值与这些领域的权重结合,求得每个待选团队的综合权值,并按其值大小进行排名,排名顺序即为最终结果。

8.5.1　评价指标体系

　　水电建设项目团队合作评价指标体系是针对于水电建设团队合作问题构建的。它服务于水电建设项目团队合作的评价,旨在为水电建设项目团队模型提供评价指标,使其可以全面合理地对水电建设项目展开评价,得到科学的评价结果。

1. 指标体系构建的意义与原则

（1）指标体系构建的意义

　　在现有的水电项目评价中,关注的多是项目的建设过程、经济效益、社会影响、生态评价以及可持续性等方面。[227]大体可分为两类:一是项目的前评价,包括项目可以产生的效益,对社会、环境的影响,可以发挥的作用等可行评价;二是项目的后评价,即项目建成后对项目进程、项目自身以及它的影响的评价。[228]前评价主要是对项目的未来情况做出估计,后评价在于对项目的总结分析,也是对前评价估计情况的一种验证。项目中关于项目团队合作建设的研究较少,相应的指标也主要侧重竞选企业的报价与工期两个方面。在现今社会,国家与人民对水电项目建设的要求越来越高,评价方向越来越多样化。传统的水电项目建设合作模式在这样的形势下早已不堪重负,所以创建新的评价指标体系,对我国水电建设的发展很有帮助,意义深远。

(2) 指标体系构建的原则

水电建设项目是一个规模大、环节多、影响广的大型工程。它涉及政府、当地居民、环境保护、地区生态等各个方面。因为涉及的层面较多,还比较复杂,所以对评价体系构建的要求就很高,既要全面地考虑到各方利益,又要保证指标的科学性以及合理性。[229]针对这种情况,结合项目评价原理,水电项目团队合作指标体系须满足科学性、系统性、适用性、独立性、动态性等原则。[230-231]

① 科学性

对评价来讲,科学是最基本的要求。只有科学性的评价才可以保证评价的正确性,评价才会有意义。对水电项目评价更是如此。水电建设项目存在诸多的影响因素,这些因素与因素之间存在这样那样的关联,只有通过科学性的选取,经过科学性的分析才能保证评价的准确合理。

② 系统性

一个合格的体系就是一个相互联结的系统。各个指标在体系中不应该是单独存在的,它们之间相互关联、相互影响。所以体系的形成需要将它们的关系进行系统的梳理,使它们具有层次性、结构性、关联性。通过对指标体系的观察,可以快速地掌握各因素中的重点,理清它们相互之间的关联。这个原则不仅可以保证指标体系的完整,还可以为以后指标的改进提供助力。

③ 适用性

一个好的打算也需要可以实行的进程。指标体系构建不应该为了理想的指标体系而忽略了实施的可能。在实际评价的过程中,人们往往不会使用一个操作较难、甚至没有办法操作的评价。所以在构建评价体系时,要结合水电建设项目本身的特点,使其操作起来简便、适用,容易分析。

④ 独立性

水电建设项目涉及的范围大、层面多。某一领域内指标的影响因素应避免与其他领域内的指标产生影响,既要保证各指标拥有其独立性,可以反映不同的细节,又要保证有相互的系统性联系。

⑤ 动态性

水电项目的发展往往会受到外部环境的影响,评标指标体系也会相应地受到影响。随着水电项目受到各种不确定因素影响产生的不同变化,评价指标体系也需要相应地做出改变。一个评价体系是否能够适应水电建设项目这样一个复杂的工程,还需要经过长期的磨合。所以说水电建设项目评价指标体系的建立须满足动态性的原则,使其保持活力。

2. 指标体系的建立过程

(1) 指标体系的建立步骤

① 了解所要分析的目标,对其要求有系统的了解

水电建设项目团队合作的目标是更快更好地完成水电项目建设。这就需要从什么是好的水电建设项目出发。好的水电建设项目首先必须达到质量要求、安全要求、效益要求,还要考虑到对环境、生态的影响等方面。

② 以所要达到的目标为依据,分析各种对完成目标有影响的因素,选定评价指标

水电建设项目涉及的领域多,要想完成目标就需要考虑多种因素。为了保证质量需求,需要参建企业拥有高水平的施工能力,施工人员有较高的素质、责任心等。为了达到安全要求,需要施工单位有完备的规章制度,施工人员有良好的安全生产意识,企业具备完善的安全生产措施等。对这些影响目标达成的因素进行系统的分析,选定有效评价指标。

③ 以选定的评价指标为基础,建立系统的指标评价体系

水电建设项目团队合作企业评价体系的建立要严格按照指标体系的建立原则,对各指标进行科学合理的分析,使其有机结合,为建立合理的评价模型打好基础。

(2) 指标的选取

水电建设项目团队合作是以更快更高质量地完成水电建设项目为目标的。在此目标前提下,对影响水电建设项目评价的因素进行分析,选取有效的指标作为选择合适团队的依据。所选指标的效果最终会影响竞选团队的竞选成绩,所以指标是不是科学公道关系到评价系统是不是公道,评价是不是公允。因此,选择指标时要严格。

本章严格遵守国家相关法律规定,在《水电建设工程质量管理办法》《施工企业安全生产评价标准》和《水电建设项目经济评价细则》的基础上,请教多位专家,结合水电建设项目的现实情况,将关于水电建设项目团队合作评价的指

标体系分为 4 个领域。这 4 个领域分别是成本、工期、质量、环境。[232] 在此基础上,选定分别与其相对应的 16 个二级评价指标,其层次结构如图 8.1 所示。各指标介绍如下:

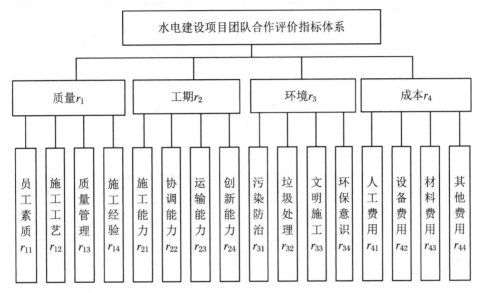

图 8.1　水电建设项目团队合作评价指标体系

其中,r_{11},r_{12},r_{13},r_{14} 是质量 r_1 的二级指标;r_{21},r_{22},r_{23},r_{24} 是工期 r_2 的二级指标;r_{31},r_{32},r_{33},r_{34} 是环境 r_3 的二级指标;r_{41},r_{42},r_{43},r_{44} 是成本 r_4 的二级指标。

① 成本

成本在一个水电建设项目的评价中占据着不容忽视的地位。当一个项目在总资金一定的情况下,成本越高,项目可获得的利润空间就越小。而利润是企业追求的第一目标。当利润不能满足企业的期望时,企业很难投入进去,即使投入,也难以产生积极的心态。因此,控制成本的能力在水电建设项目合作团队的评价中占据重要地位。

(a) 人工费用

人工费用不仅是在水电建设项目,在其他项目中同样是必不可少的费用之一。人是项目活动的主体,项目中的各项工作都要靠人的劳动完成。这本身就是一笔巨大的开销,特别是在技术要求高、风险高、条件艰苦的项目中,相应人员的工资要求就会有所提高。人工费用关乎项目的成本。一个企业的人工费用如果大大高于其他的企业,那么它的成本相应地就会提高,在与其他的企业竞争时,就会处于劣势,所以人工费用对成本有较大的影响。

（b）材料费用

材料费用同样是水电建设项目中必不可少的费用之一。项目建设中,要耗损大量的质料,较为常见的有水、电、钢筋、水泥、螺丝、铁丝、电缆、焊条、机油、汽油、煤油、润滑油等。这些材料的费用同样在水电建设项目的成本中占据较大的比例。这些材料的价格差距大,需求也大,如果在水电建设项目施工中,可以良好控制这一部分费用,将为水电建设项目团队减少巨大的成本压力。

（c）设备费用

水电建设项目具有巨大的工程施工量,仅靠人力无法完成。各种设备的使用不仅可以大大减少人的劳动量,还能提高生产效率,是工程建设中不可或缺的助力。水电建设项目施工的工作面多,需要用到各种各样的设备。这些设备有的价格昂贵,有的特别有针对性,无论是购买还是租赁都需要花费不少。特别是在水电建设项目中,由于工期长、环境差等原因的存在,这些设备的折损、维护与保养同样是一笔不小的费用。因此,企业在水电建设项目中设备费用的多少对合作团队的成本影响不可忽视。

（d）其他费用

企业参与水电建设项目,除人工、材料、设备等费用之外,为保证施工的顺利进行,还会有各种各样的费用支出。这些费用种类繁多,金额大小也不一而足,在水电建设项目中是很难把控的一部分支出。这些费用不仅是在水电建设项目中,在其他项目中同样是必不可少的费用。是否可以合理地把控这一份费用的支出,对企业的财务管理能力是一个重要的考验,同时也是企业在水电建设项目团队合作的成本评价中重要的一环。

② 工期

工期在水电建设项目中是要认真把控的。对于一个投资庞大的水电建设项目来讲,时间的本钱是特别高的。早一天投产能带来的就是数百万元的利润。在水电建设项目中,对工期的看重尤为明显。在合同规定的工期内,施工企业必须按时完成建设任务,不然就要面临巨额的违约赔偿,相反,提前完成任务会得到不菲的奖励。所以在水电建设项目团队合作的评价中,工期起着至关重要的作用。

（a）施工能力

施工能力是水电建设项目能否保证工期的重要决定因素,不仅是在水电建设项目中,在其他项目中同样是如此。企业的施工能力就是企业介入水电项目建设的工作效率。施工能力强的企业更有工作效率,可以在较短时间内完成较多的任务量。在工期紧的项目中施工能力能展现的作用尤为突出。所以说施工能力是衡量企业的一个重要标准,它的强弱直接关系到项目建设工期的长短。水电建设项目团队一般也比较倾向于接受施工能力强的企业加入。

(b) 协调能力

协调能力是水电建设项目团队合作能否顺利进行的重要因素。协调能力不仅体现在单个企业的内部,也体现在与其他企业的合作中。在水电建设项目中,涉及的工作面多且复杂,很多工作需要多个企业共同努力完成。这个时候协调能力的作用就至关重要了。单独一个企业无法顺利完成的工作需要与其他企业通力合作。在这个合作的过程中,如果企业具备较强的协调能力,就可以保证合作顺利地进行;反之,会大大影响工程的进度,延误工期。所以说协调能力是能否保证工期的重要决定因素。

(c) 运输能力

水电建设项目通常在山区开展,交通不便。施工需要用到较多的装备、质料等。这些装备和质料的利用存在于项目各个部位。由于水电建设项目工作面有限,这些装备和质料就需要在一定距离外的仓库临时存放。需要用到时,就要安排运输;使用完毕,还要送回仓库。施工人员的生活区一般也距离工作地点较远,施工人员也需要企业负责接送。人员、装备和质料的进场、退场都需要用到交通工具。这就非常磨炼企业的运输能力。一个运输能力强的企业就会有更多的有效时间来工作。所以说运输能力对工期有重要影响。

(d) 创新能力

在水电建设项目施工过程中,会遇到各种各样意想不到的情况。有些情况可以通过已有的经验与技术得到解决。但是同样也存在一些无法用已有经验解决的问题,只能花费大量的时间解决。这种情况下,一个施工方法的创新往往就能带来极大的改变,能迅速解决难题,突破困境。所以说创新能力在水电建设项目中有着举足轻重的作用,在很大程度上影响着工期的长短。

③ 质量

一个工程项目的好坏,最直观的体现就在于它的质量。一个质量不合格的产品无论包装得再好、再便宜,也难以得到消费者的认同。水电建设项目更是如此,质量是水电建设项目目标的命根子。小的质量问题会造成经济的损失,大的质量事故就是一场灾难。在水电建设项目中,质量是最需要严格把控的。所以说工程质量对水电建设项目的施工企业来说具有重大意义。质量在水电建设项目团队合作的评价中占据重要地位。

(a) 员工素质

员工素质是水电建设项目施工过程中能否保证质量的重要决定因素。员工素质主要包括文化素养、技术能力、人品和责任心等。具备良好素质的员工人品好、有较高的文化素养、有强烈的责任心、有实力。在水电建设项目施工中,这些工作在一线的员工需要重复繁重的工作,而这些工作的一个细节做不好就会影响到整个工作的质量。所以在水电建设项目中就需要员工把质量时刻放在心头,认真负责地完成自己的工作。而这恰好是素质不足的员工做不到的。所以说员工的素质对水电建设项目的质量有着重大影响。

(b) 施工工艺

施工工艺对水电建设项目的质量具有重要影响。一个质量合格的产品往往需要一套与之相匹配的施工工艺。一条同样的焊缝,有的人可以一次焊好,美观大方,无瑕疵,而有的人却往往会虚焊,不得不返工处理。这便是施工工艺的差别。拥有一套完整的施工工艺,并在工作中严格按照工艺要求进行操作,是工作质量的保证。所以说,施工工艺对水电建设项目的质量有重大影响。

(c) 质量管理

在水电建设项目中,质量管理对项目的质量保证有着不可或缺的作用。各行各业的团队都离不开管理。一个好的管理可以极大地提高团队效率,避免混乱现象的出现。在质量方面,一样需要管理。质量管理是指通过管理、技术等手段使得所面对的问题达到划定的尺度。可见,质量管理是保证质量必须具有的手段。所以说,质量管理对水电建设项目目标质量影响很大。

(d) 施工经验

施工经验对水电建设项目质量的影响主要体现在,通过丰富的经验,避免施工过程中出现质量问题。水电建设项目中,有很大一部分质量问题是因为施工人员经验不足,面对问题时不能采取及时有效的措施避免质量问题的出现,所以施工经验对水电建设项目施工质量产生的影响不容忽视。所以说,施工经验是水电建设项目质量的重要指标。

④ 环境

在全球污染越来越严重的背景下,减少人类活动对环境的影响是人类的共同诉求。水电建设项目总是会对环境产生一些不太好的影响。对环境的影响也是目前水电建设项目评价的主要研究方向。水电建设项目的环境影响主要体现在它产生的污染问题上。施工的过程中不可避免地产生废水,会对水源造成污染;不可避免地产生扬尘以及各种设备排放的废气,会污染空气;剩余的碎屑和废弃物对环境有许多污染;噪声影响人们的生活。在"既要金山银山,也要绿水青山"的政策指导下,减少施工过程中的环境污染是水电建设项目不容忽视的原则问题。这一指标也是水电建设项目评价分量越来越重的一个评价指标。

（a）污染防治

水电建设项目总是会发生污染。如何防治是水电建设项目中值得思考的问题。有的企业积极处理污染物,减少污染;而有的企业却只顾生产,不注重污染的防治问题,对环境造成破坏。在当今社会,污染环境的行为不仅会受到社会的谴责,而且要面临停业整改的强制处理。所以污染的防治能力是企业在水电建设项目团队合作评价中环境评价的重要影响因素。

（b）垃圾处理

水电建设项目中总会出现各种垃圾。这些垃圾的处理极大程度上影响着企业在水电建设项目中环境的评价。有的企业会选择科学的方法将垃圾分类回收、粉碎、填埋等,减少垃圾的出现。这也更能获得公众的认可,可以减少水电建设项目的困扰,增加社会认同感。所以说,垃圾的处理能力是企业在水电建设项目团队合作评价中环境评价需要考核的重要指标。

（c）文明施工

在水电建设项目中,文明施工可以最大程度地减少对周围环境的影响。比如噪声大的施工避开休息时间,容易产生粉尘的施工面周围设置围挡等防护措施等。文明施工从源头出发避免对环境的影响,是如今工程项目施工管理过程中必不可少的内容。所以说,文明施工是水电建设项目团队合作评价中环境评价的一个不可或缺的指标。

（d）环保意识

在水电建设项目中,一个有环保意识的企业在施工的过程中就会尽力做到避免污染产生,尽量减少对环境的影响。人的行为对环境的影响是不容小觑的。所以说,环保意识在水电建设项目团队合作环境评价中有着重大的影响。

8.5.2　基于 AHP 的评价指标权重计算

AHP 指标权重的计算主要是通过构建判定矩阵来实现的。判定矩阵的构建以成立的层级布局为根据,有很强的系统性。一致性检验可以验明构成判定矩阵的评价指标的合理性。综合权重的计算可以考虑到不同领域的因素,保证评价的全面性。因此,引入层次分析法对水电建设项目团队合作评价指标进行权重计算。步骤如下:

(1) 通过不同领域专家分别对质量、工期、环境、成本等不同指标下的团队进行评价,建立评价指标判定矩阵。

(2) 算得每一个评价矩阵特征值最大时的特征向量,归一化后获得每一个评价指标的权重 ω。

(3) 计算 CR,$CR = CI/RI$,并以此为根据确定其一致性。

如果 $CR < 0.1$,那么 ω 可用;如果 $CR \geqslant 0.1$,那么 ω 不可用,返回(1),专家重新评价。

顺次运算,获得质量、工期、环境、成本关于总目标的相对权重 ω_0,质量领域内的各指标关于质量的相对权重 ω_1,工期领域内的各指标关于工期的相对权重 ω_2,环境领域内的各指标关于环境的相对权重 ω_3,成本领域内的各指标关于成本的相对权重 ω_4。

8.5.3　基于 AHP 与云模型的综合评价

云模型的介绍见 6.2 节,云模型的定性定量转换见 6.4.1 小节。将各领域定性评价表中的指标数据与其对应的指标权重代入云模型程序,实现各待选团队在该领域的评价,并按其评价值大小为其排名赋值。将各待选团队以其在各领域的综合权重值的大小为依据,依次排名,排名靠前者,即为优选团队。这种方法可以综合到各个领域专家的意见,并将其定性评价尽可能准确地转化为定量值,科学合理,便于比较。统一标准的赋值可以有效避免个别专家因个人偏好导致的评价失衡。得到的最终评价结果不仅有各待选团队总的排名,还有各领域的排名,建设者可以根据不同的需求去选择最适合的团队,使其有更多的选择。详细评价表述如下:

(1) 将质量、工期、环境、成本指标依次代入云模型评价程序,求得每个项目一级评价指标下各个团队的评分值。

(2) 根据团队所得分值大小为其排名,并以最后一名 1 分,每靠前一名增长 1 分的方式,进行赋值。

(3) 将各团队关于质量、工期、环境、成本的评分值与其相应权重 ω_1,ω_2,ω_3,ω_4 相乘,将乘积相加得出它们的总分,然后按照分值大小进行排序。

通过以上步骤,可以得到团队在每个领域指标的排名和在所有评价领域内的总排名,确定其优劣,结合项目具体情况,选择最好的团队参与项目的建设。这种方法应用了 AHP 的系统客观性与云模型定性定量转变的科学准确性,将两者完美结合在一起,综合各领域专家意见,并通过一样标准的赋值,可以有效地避免个别专家因个人偏好导致的评价失衡。

8.5.4　实例分析

在构建了水电建设项目团队合作评价指标体系的基础上,建立了基于云模型与 AHP 的水电建设项目团队合作的评价模型,为水电建设项目评价提供了新的评价思路与方法。一个新的评价方式必要经由过程验证,证实其是不是科学、公道的。所以以国内某水电建设项目为例,对此评价方式举例论证。

1. 项目介绍

该项目投资约 297.7 亿元,由大坝、引水隧道、水库、地下厂房、主变洞、机电设备等多个施工任务组成。计划要求水库达到 1646 m 的蓄水位,7.5 km 的回水长度,1401 万 m^3 的容水量。设计共有 8 台机组,每台机组功率为 60 万 kW,预期每年达到 242.3 亿 kW・h 的发电量。辐射流域达到 10.3 万 m^2,要求具备日常调节水流的功效。现有 10 个满足条件的有意愿参与这个项目的建设团队,他们各有优劣但差异并不明显,难以通过简单的判断选出最合适的合作对象。

2. 评价分析

以本章评价方式对其进行评价,选择各领域专家经由 AHP 对项目评价指标进行评价,获得其权重。评价过程如下:

(1) 由专家选择各领域指标对该领域的相对重要性判定方法,得到评价表,并构建判定矩阵。重要性评分见表 8.4。

表 8.4　重要性评分表

重要性	分值
A 比 B 同等重要	1
A 比 B 稍微重要	3
A 比 B 一般重要	5
A 比 B 比较重要	7
A 比 B 特别重要	9

重要性	分值
B 比 *A* 同等重要	1
B 比 *A* 稍微重要	1/3
B 比 *A* 一般重要	1/5
B 比 *A* 比较重要	1/7
B 比 *A* 特别重要	1/9
介于以上两者之间	(2,4,6,8,1/2,1/4,1/6,1/8)

邀请水电建设专业领域内的专家分别对自己擅长的领域进行评价,将各位专家的意见综合,得到项目总目标、质量、工期、环境、成本等的评价表。项目总目标评价由项目的业主联合设计、监理、水电建设项目部门专家共同完成,结果见表 8.5。

表 8.5　项目总目标评价表

总目标	质量	工期	环境	成本
质量	1	3	4	2
工期	1/3	1	3	1
环境	1/4	3/4	1	1/3
成本	1/2	1	3	1

质量领域的相关评价由具有丰富水电建设项目经验的专家完成,质量评价见表 8.6。

表 8.6　质量评价表

质量	员工素质	施工工艺	质量管理	施工经验
员工素质	1	3	4	2
施工工艺	1/3	1	3	1
质量管理	1/4	3/4	1	1/3
施工经验	1/2	1	3	1

工期领域内的评价由具有多年从业经验的水电项目专家完成,工期评价见表 8.7。

表 8.7　工期评价表

工期	施工能力	协调能力	运输能力	创新能力
施工能力	1	1/3	1/4	1/4
协调能力	3	1	1/2	1/2
运输能力	4	2	1	1/3
创新能力	4	2	3	1

环境领域内的评价由环保专家完成,环境评价见表 8.8。

表 8.8　环境评价表

环境	污染防治	垃圾处理	文明施工	环保意识
污染防治	1	1/2	1	1/3
垃圾处理	2	1	2	2/3
文明施工	1	1/2	1	1/3
环保意识	3	3/2	3	1

成本领域内的评价由具有多年从业经验的财务专家完成,成本评价见表 8.9。

表 8.9　成本评价表

成本	人工费用	材料费用	设备费用	其他费用
人工费用	1	5	3	3
材料费用	1/5	1	1/3	1/3
设备费用	1/3	3	1	1/3
其他费用	1/3	3	3	1

(2) 以各评价表为依据,建立判断矩阵,如下所示:

$$项目判断矩阵\ \boldsymbol{C}_0 = \begin{vmatrix} 1 & 3 & 4 & 2 \\ 1/3 & 1 & 3 & 1 \\ 1/4 & 3/4 & 1 & 1/3 \\ 1/2 & 1 & 3 & 1 \end{vmatrix}$$

$$质量判断矩阵\ \boldsymbol{C}_1 = \begin{vmatrix} 1 & 3 & 4 & 2 \\ 1/3 & 1 & 3 & 1 \\ 1/4 & 3/4 & 1 & 1/3 \\ 1/2 & 1 & 3 & 1 \end{vmatrix}$$

$$\text{工期判断矩阵 } \boldsymbol{C_2} = \begin{vmatrix} 1 & 1/3 & 1/4 & 1/4 \\ 3 & 1 & 1/2 & 1/2 \\ 4 & 2 & 1 & 1/3 \\ 4 & 2 & 3 & 1 \end{vmatrix}$$

$$\text{环境判断矩阵 } \boldsymbol{C_3} = \begin{vmatrix} 1 & 1/2 & 1 & 1/3 \\ 2 & 1 & 2 & 2/3 \\ 1 & 1/2 & 1 & 1/3 \\ 3 & 3/2 & 3 & 1 \end{vmatrix}$$

$$\text{成本判断矩阵 } \boldsymbol{C_4} = \begin{vmatrix} 1 & 5 & 3 & 3 \\ 1/5 & 1 & 1/3 & 1/3 \\ 1/3 & 3 & 1 & 1/3 \\ 1/3 & 3 & 3 & 1 \end{vmatrix}$$

（3）求得每一个判断矩阵的特征向量 ω，验证其一致性后，归一化处置获得每一个评价指标的权重。一致性检验步骤如前面所述，经过检验，发现这几个判断矩阵一致性均符合要求。按照前面所述的层次分析法决策步骤，将每个判断矩阵的特征向量归一化处理，得到总项目、质量、工期、环境、成本几个判断矩阵的特征向量值，如下所示：

$$\text{总项目 } \boldsymbol{\omega_0} = [0.4709, 0.1814, 0.1080, 0.2397]$$

$$\text{质量 } \boldsymbol{\omega_1} = [0.4709, 0.1814, 0.1080, 0.2397]$$

$$\text{工期 } \boldsymbol{\omega_2} = [0.0796, 0.1734, 0.2684, 0.4786]$$

$$\text{环境 } \boldsymbol{\omega_3} = [0.1429, 0.2857, 0.1429, 0.4286]$$

$$\text{成本 } \boldsymbol{\omega_4} = [0.4499, 0.1481, 0.1563, 0.2457]$$

（4）经由云模型求得每一个二级指标权重下每一个企业的排序。设每一个评价指标的评价度空间均为 $[0,10]$。评价品级分为｛很好、好、一般、差、很差｝。

（5）以"成本"指标为例，计算各团队排名，过程如下：

① 邀请成本费用领域专家对 10 个团队的人工费用、材料费用、设备费用、其他费用指标进行评价，定性评价见表 8.10。

表 8.10 定性评价表

团队	成本评价指标			
	ω_{41}	ω_{42}	ω_{43}	ω_{44}
c_1	很好	一般	一般	好
c_2	好	好	好	一般
c_3	好	很好	好	一般
c_4	一般	好	一般	好
c_5	很好	好	一般	一般
c_6	好	一般	好	很好
c_7	好	好	差	很好
c_8	好	差	好	一般
c_9	好	一般	一般	很好
c_{10}	一般	好	好	好

② 选取评价云的数字特征值。评价云的数字特征值选取对于评价结果的准确度有很大的影响,所以特征值的选取比较重要。本章根据理论取法[75] 多次实验选取最好的一组参数组合得到表 8.11,其中 X 评价云:EC_1,EC_2,EC_3,EC_4;Y 评价云:EC_B。

表 8.11 评价云的数字特征值

评价空间	评价云				
	EC_1	EC_2	EC_3	EC_4	EC_B
很好	(9.5,0.1667,0.01)	(9.5,0.7,0.07)	(9.5,0.5,0.05)	(9.5,0.5,0.05)	(0.975,0.02,0.01)
好	(8,0.333,0.01)	(8,0.7,0.07)	(8,0.33,0.01)	(8,0.33,0.01)	(0.875,0.05,0.005)
一般	(6,0.333,0.01)	(6,0.7,0.07)	(6.5,0.33,0.033)	(6.5,0.33,0.033)	(0.65,0.07,0.007)
差	(4,0.333,0.01)	(4,0.7,0.07)	(4,0.7,0.07)	(4,0.7,0.07)	(0.4,0.07,0.007)
很差	(1.5,0.5,0.01)	(2,0.7,0.07)	(2,0.7,0.01)	(2,0.7,0.01)	(0.2,0.13,0.01)

③ 企业评分值求取。将专家评价矩阵与其所对应的数字特征值和成本指标权重矩阵代入所编制的云模型程序进行运算,得到关于成本的企业评分值,见表 8.12。

表 8.12　成本评分表

企业	分值
c_1	0.8515
c_2	0.8197
c_3	0.8345
c_4	0.8398
c_5	0.8295
c_6	0.8662
c_7	0.8250
c_8	0.7494
c_9	0.8311
c_{10}	0.7738

④ 团队排序赋值。将表中各团队按评分值排序,并按名次依次赋值 $[10,9,8,7,6,5,4,3,2,1]$,结果见表 8.13。

表 8.13　成本指标排序表

团队	排名	赋值
c_1	2	9
c_2	8	3
c_3	4	7
c_4	3	8
c_5	6	5
c_6	1	10
c_7	7	4
c_8	10	1
c_9	5	6
c_{10}	9	2

由表 8.13 可见,c_6 的成本控制最佳,下一个是 c_1,c_4;c_8 最差,c_{10} 次之。将各个团队依照排名顺次赋值,总分是 10 分,c_{10} 得 2 分,c_2 得 3 分,c_8 得 1 分。可以直观地看到,当我们以成本为主要的评价标准时,c_6 的分值最高,说明在所有待选团队中,c_6 的成本是做得最好的,是最适合的。但是我们不能仅仅凭

此做出判断,还需要考虑其他的因素,诸如质量、工期、环境等。需要对其他指标依次做出评价,并为其赋值,根据几个因素对水电建设项目团队合作评价的影响权重,综合加权,得出所有待选团队关于几个因素的评价总分值,并依据其分值大小进行排序,得到最终评价结果。

　　按照同样的方法,依次对待选团队的工期、质量、环境等因素进行定性评价,并将评价结果代入评价模型中,得到相应的评价排序表,见表 8.14～表 8.19。

表 8.14　工期评价表

团队	工期评价指标			
	ω_{21}	ω_{22}	ω_{23}	ω_{24}
c_1	好	一般	一般	好
c_2	好	差	好	一般
c_3	一般	好	好	一般
c_4	好	好	一般	好
c_5	好	很好	差	一般
c_6	很好	一般	好	一般
c_7	好	好	差	一般
c_8	好	差	很好	一般
c_9	差	差	好	很好
c_{10}	一般	一般	好	好

表 8.15　工期指标排序表

团队	排名	赋值
c_1	4	7
c_2	8	3
c_3	5	6
c_4	2	9
c_5	9	2
c_6	6	5
c_7	10	1
c_8	7	4

续表

团队	排名	赋值
c_9	3	8
c_{10}	1	10

表 8.16　质量评价表

团队	质量评价指标			
	ω_{11}	ω_{12}	ω_{13}	ω_{14}
c_1	很好	差	一般	好
c_2	好	很好	一般	一般
c_3	差	很好	一般	一般
c_4	好	好	一般	很好
c_5	很好	差	一般	差
c_6	好	差	好	很好
c_7	好	好	差	很差
c_8	很好	差	一般	一般
c_9	好	一般	很差	很好
c_{10}	一般	好	很好	好

表 8.17　质量指标排序表

团队	排名	赋值
c_1	4	7
c_2	2	9
c_3	10	1
c_4	1	10
c_5	8	3
c_6	3	8
c_7	9	2
c_8	7	4
c_9	5	6
c_{10}	6	5

表 8.18　环境评价表

团队	环境评价指标			
	ω_{31}	ω_{32}	ω_{33}	ω_{34}
c_1	很好	一般	一般	好
c_2	好	好	好	一般
c_3	好	很好	好	一般
c_4	好	好	一般	好
c_5	很好	好	一般	一般
c_6	好	一般	好	很好
c_7	好	好	差	很好
c_8	好	差	好	一般
c_9	好	一般	一般	很好
c_{10}	一般	好	好	好

表 8.19　环境指标排序表

团队	排名	赋值
c_1	7	4
c_2	8	3
c_3	6	5
c_4	5	6
c_5	9	2
c_6	1	10
c_7	2	9
c_8	10	1
c_9	4	7
c_{10}	3	8

　　将各团队关于质量、工期、环境、成本的评分值与其相应权重 ω_1，ω_2，ω_3，ω_4 相乘，将乘积相加得出他们的总分，然后按照分值大小进行排序，排序情况见表 8.20。

表 8.20 总分排序表

团队	分值	排名
c_1	7.1554	3
c_2	5.8254	5
c_3	3.7772	7
c_4	8.9072	1
c_5	3.19	8
c_6	8.1512	2
c_7	3.054	9
c_8	2.9569	10
c_9	6.4557	4
c_{10}	5.7149	6

由表 8.20 看出,本章评价为 $c_4 > c_6 > c_1 > c_9 > c_2 > c_{10} > c_3 > c_5 > c_7 > c_8$,即 c_4 最佳,c_6 其次,c_8 最差。而对于各分目标来说,c_4 质量最好,c_6 成本、环境最好,c_{10} 工期最好。值得一提的是,c_6 虽然成本、环境都是评价最好的,但是综合成绩却低于 c_4,这是因为目前水电建设领域内对环境的重视程度还不够,随着国家大力提倡环境保护,环境对建设项目的重要性也在逐步提升,c_6 的优势会更加突出。所以 c_6 虽然没能拿到第一,但是却是一个很有发展前景的团队,在重视环境的建设项目中,是个不错的选择。本章方法运用层次分析法确定评价权重,更加客观,细化了评价指标,对于涉及层面更为宽广的水电建设项目来说,可以根据自身需求,选择最好的团队来完成项目建设,更为客观合理。

本 章 小 结

本章首先介绍了相关理论;然后提出了一种基于相互协商的水电建设团队效益分配方法,简述了评价指标体系构建的几个步骤,并在此基础上对评价指标进行了选取;最后将层次分析法、云模型相结合,通过层次分析法的判断矩阵确定指标权重,利用云模型将模糊定性评价语言转换为定量评价值,将这些团队得到的分值与每个领域对于总目标的相对权重相结合求得其综合权重,并以其综合权重值的大小进行排序,得到团队相对于总目标的排名。

参 考 文 献

［1］ Mnih V, Kavukcuoglu K, Silver D, et al. Human-level control through deep reinforcement learning[J]. Nature, 2015, 518(7540): 529-533.

［2］ Schölkopf B. Artificial intelligence: learning to see and act[J]. Nature, 2015, 518(7540): 486-487.

［3］ He W, Chen G, Han Q, et al. Network-based leader-following consensus of nonlinear multi-Agent systems via distributed impulsive control[J]. Information Sciences, 2017, 380 (20): 145-158.

［4］ 蒋伟进, 钟珞, 张莲梅, 等. 基于时序活动逻辑的复杂系统多 Agent 动态协作模型[J]. 计算机学报, 2013, 36(5): 1115-1124.

［5］ Garcia E, Giret A, Botti V. Evaluating software engineering techniques for developing complex systems with multi-Agent approaches[J]. Information and Software Technology, 2011, 53(5): 494-506.

［6］ Service T C, Adams J A. Coalition formation for task allocation: theoryand algorithms[J]. Autonomous Agents and Multi-Agent Systems, 2011, 22(2): 225-248.

［7］ Ye D, Zhang M, Sutanto D. Decentralised dispatch of distributed energy resources in smart grids via multi-Agent coalition formation[J]. J. Parallel Distr. Com., 2015(83): 30-43.

［8］ Li C, Sycara K, Scheller-Wolf A. Combinatorial coalition formation for multi-item group-buying with heterogeneous customers[J]. Decision Support Systems, 2010, 49(1): 1-13.

［9］ Zhao H, Lin W, Liu K. Cooperation and coalition in multimedia fingerprinting colluder social networks[J]. IEEE Transactions on Multimedia, 2012, 14(3): 717-733.

［10］ 郭文忠, 苏金树, 陈澄宇, 等. 无线传感器网络中带复杂联盟的自适应任务分配算法[J]. 通信学报, 2014, 35(3): 1-10.

［11］ Hen J, Sun D. Coalition-based approach to task allocation of multiple robots with resource constraints[J]. IEEE Transactions on Automation Science and Engineering, 2012, 9(3): 516-528.

[12] 杨威,班冬松,管东林,等.基于联盟构造博弈的认知无线电网络分布式多目标协作感知算法[J].计算机学报,2012,35(4):730-740.

[13] 王海艳,杨文彬,王随昌,等.基于可信联盟的服务推荐方法[J].计算机学报,2014,37(2):301-311.

[14] Rahwan T, Michalak T P, Wooldridge M, et al. Coalition structure generation: a survey[J]. Artificial Intelligence, 2015, 229(8):139-174.

[15] Voice T, Polukarov M, Jennings N R. Coalition structure generation over graphs[J]. Journal of Artificial Intelligence Research, 2012(45):165-196.

[16] 张新良,石纯一.多 Agent 联盟结构动态生成算法[J].软件学报,2007,18(3):574-581.

[17] 胡山立,石纯一,李少芳.给定限界的势结构分组与联盟结构生成[J].计算机学报,2012,35(12):2618-2624.

[18] 刘惊雷,张伟,童向荣,等.一种 $O(2.983^n)$ 时间复杂度的最优联盟结构生成算法[J].软件学报,2011,22(5):938-950.

[19] Feng Y, Yang Y, Guo Y F, et al. Design of the third-party knowledge service platform oriented to full lifecycle of virtual enterprise[J]. Lect. Notes Electr. Eng., 2012(154):1701-1707.

[20] Jiang G, Huang M, Xu C, et al. GA-SA/CPM/Markov based dynamic risk-management planning for virtual enterprises[J]. Journal of Intelligent Manufacturing, 2015, 26(5):899-910.

[21] Zick Y, Markakis E, Elkind E. Arbitration and stability in cooperative games with overlapping coalitions[J]. Journal of Artificial Intelligence Research, 2014, 50(8):847-884.

[22] Shehory O, Kraus S. Formation of overlapping coalitions for precedence-ordered task-execution[C]//Proceedings of 2nd International Conference on Multi-Agent Systems, Kyoto, Japan, 1996:330-337.

[23] Palla G, Derenyi I, Farkas I, et al. Uncovering the overlapping community structure of complex networks in nature and society[J]. Nature, 2005, 433(7043):814-818.

[24] Chalkiadakis G, Elkind E, Markakis E, et al. Stability of overlapping coalition[J]. ACM SIGecom Exchanges, 2009, 8(1):1-5.

[25] Xu J, Li W. Solution of overlapping coalition formation based on discrete particle swarm optimization[C]//Proceedings of the International Conference on Wireless Communications, Networking and Mobile Computing, Dalian, China, 2008:1-4.

[26] Lin C F, Hu S L. Multi-task overlapping coalition parallel formation algorithm[C]//AAMAS 2007, the 6th Int. Joint Conf. on Autonomous Agents and Multi-Agent Systems. Hono lulu:ACM Press, 2007:1260-1262.

[27] Zhang G F, Jiang J G, Lu C, et al. A revision algorithm for invalid encodings in

concurrent formation of overlapping coalitions[J]. Applied Soft Computing, 2011, 11 (2):2164-2172.

[28] 张国富,周鹏,蒋建国,等.基于虚拟联盟的重叠联盟形成算法[J].电子学报,2012,40(1): 121-127.

[29] 杜继永,张凤鸣,惠晓滨,等.改进型连续粒子群算法求解重叠联盟生成问题[J].上海交 通大学学报,2013,47(12):1918-1923.

[30] Chalkiadakis G, Elkind E, Markakis E, et al. Overlapping coalition formation[C]// Proceedings of the 4th International Workshop on Internet and Network Economics, 2008:307-321.

[31] Zick Y. Arbitration and stability in cooperative games in overlapping coalitions[C]// Proceedings of the 23rd International Joint Conference on Artificial Intelligence, Beijing, China,2013:3251-3252.

[32] Zhan Y, Wu J, Wang C, et al. On the complexity and algorithms of coalition structure generation in overlapping coalition formation games[C]//Proceedings of the IEEE 24th International Conference on Tools with Artificial Intelligence, Athens, Greece, 2012: 868-873.

[33] Dubey P. The Shapley Value[M]. Cambridge, Eng. : Cambridge University Press, 1988: 207-216.

[34] 罗翔,石纯一. Agent 协作求解中形成联盟的行为策略[J].计算机学报,1997,20(11): 961-965.

[35] 蒋建国,夏娜,于春华.基于能力向量发挥率和拍卖的联盟形成策略[J].电子学报,2004, 32(12):215-217.

[36] 夏娜,蒋建国,于春华,等.一种基于利益均衡的联盟形成策略[J].控制与决策,2005,20 (12):1426-1428,1433.

[37] Chalkiadakis G, Elkind E, Markakis E, et al. Cooperative games with overlapping coalitions[J].Journal of Artificial Intelligence Research,2010(39):179-216.

[38] 张国富,周鹏,苏兆品,等.基于讨价还价的重叠联盟效用划分策略[J].模式识别与人工 智能,2014,27(10):930-938.

[39] Zhang G F, Jiang J G, et al. Searching for overlapping coalitions in multiple virtual organizations[J]. Information Sciences,2010,180(17):3140-3156.

[40] Sadigh B L, Unver H O, Nikghadam S, et al. An ontology-based multi-Agent virtual enterprise system (OMAVE): part1: domain modelling and rule management [J]. International Journal of Computer Integrated Manufacturing,2017,30(2/3):320-343.

[41] 蒋畅江,石为人,唐贤伦,等. 能量均衡的无线传感器网络非均匀分簇路由协议[J].软件 学报,2012,34(5):1222-1232.

[42] 奎晓燕,杜华坤,梁俊斌. 无线传感器网络中一种能量均衡的基于连通支配集的数据收集

算法[J].电子学报,2013,41(8):1521-1528.

[43]　梁华,刘云辉,蔡宣平.基于三焦点张量点转移的多摄像机协同[J].软件学报,2009,20(9):2597-2606.

[44]　蒋建国,顾占冰,胡珍珍,等.多摄像机视域内的目标活动分析[J].电子学报,2014,42(2):306-311.

[45]　文仁强,钟少波,袁宏永,等.应急资源多目标优化调度模型与多蚁群优化算法研究[J].计算机研究与发展,2013,50(7):1464-1472.

[46]　Su Z, Zhang G, Liu Y, et al. Multiple emergency resource allocation for concurrent incidents in natural disasters[J]. International Journal of Disaster Risk Reduction,2016(17):199-212.

[47]　Wang T, Song L, Han Z, et al. Distributed cooperative sensing in cognitive radio networks:an overlapping coalition formation approach[J]. IEEE Transactions on Communications,2014,62(9):3144-3160.

[48]　Xiao Y,Chen K,Yuen C. A bayesian overlapping coalition formation game for device-to-device spectrum sharing in cellular networks[J]. IEEE Transactions on Wireless Communications,2015,14(7):4034-4051.

[49]　Zhou L,Lu K,Yang P,et al. An approach for overlapping and hierarchical community detection in social networks based on coalition formation game theory[J]. Expert Systems with Applications,2015,24(24):9634-9646.

[50]　Xu S, Xia C, Kwak K. Overlapping coalition formation games based interference coordination for D2D underlaying LTE-A networks[J]. Journal of Electronics and Communications,2016,70(2):204-209.

[51]　Gamson W A,Gamson W A. A theory of coalition formation[J]. American Sociological Review,1961,26(3):373-382.

[52]　Khan F H,Choi Y J. Distributed games for coordinated coalition formation in femtocell networks[J].Computer Networks,2014(73):128-141.

[53]　Rusinowska A,Swart H D,Rijt J V D. A new model of coalition formationf[J]. Social Choice and Welfare,2005,24(1):129-154.

[54]　Banerjee S,Konishi H,Sonmez T. Core in a simple coalition formation game[J]. Social Choice and Welfare,1998,18(1):135-153.

[55]　Kraus S, Shehory O, Taase G. Coalition formation with uncertain heterogeneous information[C]//Proceedings of the Second International Joint Conference on Autonomous Agents and Multi-Agent Systems(AAMAS),2003:1-8.

[56]　Kahan J P, Rapoport A. Theories of coalition formation[M]. London:Psychology Press,2014.

[57]　Larson K S,Sandholm T W. Anytime coalition structure generation:an average casestudy

[J]. Journal of Experimental & Theoretical Artificial Intelligence,2010,12(1):23-42.

[58] Sandholm T,Larson K,Andersson M,et al. Coalition structure generation with worst case guarantees[J]. Artificial Intelligence,1999,111(1/2):209-238.

[59] Rahwan T,Michalak T,Wooldridge M,et al. Anytime coalition structure generation in multi-Agent systems with positive or negative externalities[J]. Artificial Intelligence, 2012(186):95-122.

[60] Dang V D,Jennings N R. Coalition structure generation in task-based settings[C]// Proc. 17th European Conference on AI,Trento,Italy,2006:567-571.

[61] Rahwa T,Jennings N R. An improved dynamic programming algorithm for coalition structure generation[C]//Proc. of the 7th Int. joint Conf. on Autonomous Agents and Multi-Agent Systems,2008:1417-1420.

[62] 张发,宣慧玉,等. 复杂系统多主体仿真方法论[J]. 系统仿真学报,2009,21(8): 2386-2390.

[63] Tumer K,Agogino A. Multi-Agent learning for black box system reward functions[J]. Advances in Complex Systems,2009,12(4/5):475-492.

[64] Manvi S S,Kakkasageri M S. Multicast routing in mobile adhoc networks by using a multi-Agent system[J]. Information Sciences,2008,178(6):1611-1628.

[65] Zolezzi J M,Rudnick H. Transmission cost allocation by cooperative games and coalition formation[J]. IEEE Trans. on Power Systems,2002,17(4):1008-1015.

[66] 陈志,王汝传,等. 一种无线传感器网络的多 Agent 系统模型[J]. 电子学报,2007,35(2): 240-243.

[67] Vig L,Adams J A. Multi-robot coalition formation[J]. IEEE Trans. on Robotics,2006, 22(4):637-649.

[68] Seow K T,Sim K M,et al. Coalition formation for resource coallocation using BDI assignment Agents[J]. IEEE Trans. on Systems Man and Cybernetics Part C-Applications and Reviews,2007,37(4):682-693.

[69] Kulkarni A J,Tai K. Probability collectives:a multi-Agent approach for solving combinatorial optimization problems[J]. Applied Soft Computing,2010,10(3):759-771.

[70] Rahwan T,Ramchurn S D,et al. An anytime algorithm for optimal coalition structure generation[J]. Journal of Artificial Intelligence Research,2009,34(1):521-567.

[71] Agotnes T,Hoek W V,et al. Reasoning about coalitional games [J]. Artificial Intelligence,2009,173(1):45-79.

[72] 王凌. 智能优化算法及其应用[M]. 北京:清华大学出版社,2001.

[73] 冯春时. 群智能优化算法及其应用[D]. 合肥:中国科学技术大学,2009.

[74] 程军. 基于生物行为机制的粒子群算法改进及应用[D]. 广州:华南理工大学,2014.

[75] Colorni A,Dorigo M,Maniezzo V. Distributed optimization by ant colonies[C]//Proc.

of the First European Conf. on Artificial Life. Paris：Elsevier，1991：134-142.

［76］ Dorigo M，Gambardella L M. Ant colony system：a cooperative learning approach to the traveling salesman problem［J］. IEEE Transactions on Evolutionary Computation，1997，1(1)：53-66.

［77］ Holland J H. Adaptation in natural and artificial systems［M］. Cambridge，Mass. ：MIT Press，1975.

［78］ 赵毅.基于遗传算法的城市公交路线优化问题研究［D］.海口：海南大学，2012.

［79］ Kennedy J，Eberhart R C. Particle swarm optimization［C］//Proc. of IEEE Conference on Neural Networks，1995：1942-1948.

［80］ Clerc M，Kennedy J. The particle swarm：explosion，stability，and convergence in multidimensional complex space［J］. IEEE transaction on Evolutionary Computation，2002(6)：58-73.

［81］ Saman A，Rifat S. Discrete particle swarm optimization method for the large-scale discrete time-cost trade-off problem［J］. Expert Systems with Applications，2016，51(1)：177-185.

［82］ Shi Y，Eberhart R. Modified particle swarm optimizer［C］//Proceedings of the IEEE International Conference on Evolutionary Computation IEEE World Congress on Computational Intelligence，1998：69-73.

［83］ Kennedy J，Eberhart R C. A discrete binary version of the particle swarm algorithm ［C］//Proceedings of the IEEE International Conference on Systems，Man，and Cybernetics，Computational Cybernetics and Simulation，1997：4104-4108.

［84］ Storn R，Price K V. Differential evolution：a simple and efficient adaptive scheme for global optimization over continuous spaces［M］//Technology Report，Berkeley，CA，TR-95-012，1995.

［85］ Storn R，Price K V. Minimizing the real functions of the ICEC'96 contest by differential evolution［C］//International Conference on Evolutionary Computation，1996：842-844.

［86］ Pahner U，Hameyer K. A daptive coupling of differential evolution and multi-quadrics approximation for the tuning of the optimization process［J］. IEEE Transactions Magnetic，2000，36(4)：1047-1051.

［87］ Cheng S L，Hwang C. Optimal approximation of linear systems by a differential evolution algorithm［J］. IEEE Transactions Systems，2001，31(6)：698-707.

［88］ Babu B V，Jehan M M L. Differential evolution for multi-objective optimization［J］. Evolutionary Computation，2003(4)：8-12.

［89］ Zhong J H，Shen M，Zhang J，et al. A differential evolution algorithm with dual populations for solving periodic railway timetable scheduling problem［J］. IEEE Trans.

Evol. Comput. ,2013,17(4):512-527.

[90] Tang L,Zhao Y,Liu J. An improved differential evolution algorithm for practical dynamic scheduling in steelmaking-continuous casting production[J]. IEEE Trans. Evol. Comput. ,2014,18(2):209-225.

[91] 蒋建国,夏娜,齐美彬,等.一种基于蚁群算法的串行多任务联盟生成算法[J].电子学报, 2005,33(12):2178-2182.

[92] 郝志峰,蔡瑞初.并行多任务环境下 Agent 联盟的快速生成算法[J].华南理工大学学报, 2008,36(9):11-14,30.

[93] Yang J,Luo Z. Coalition formation mechanism in multi-Agent systems based on genetic algorithms[J]. Applied Soft Computing,2007,7(2):561-568.

[94] 蒋建国,吴琼,夏娜.自适应粒子群算法求解 Agent 联盟[J].智能系统学报,2007,2(2): 69-73.

[95] 武志峰,黄厚宽,赵翔.二进制编码差异演化算法在 Agent 联盟形成中的应用[J].计算机 研究与发展,2008,45(5):848-852.

[96] 许金友,李文立.基于自适应 PSO 和类别分解的多任务串行联盟生成[J].计算机应用研 究,2009,26(4):1338-1341.

[97] 张国富,蒋建国,夏娜,等.基于离散粒子群算法求解复杂联盟生成问题[J].电子学报, 2007,35(2):323-327.

[98] Sen S D,Adams J A. An influence diagram based multi-criteria decision making framework for multirobot coalition formation[J]. Autonomous Agents and Multi-Agent Systems,2015,29(6):1061-1090.

[99] 杨洪勇,张玉玲,等.基于采样数据的时延多智能体系统的动态路径跟踪[J].电子学报, 2013,41(9):1760-1764.

[100] Rahwan T,Ramchurn S D,et al. An anytime algorithm for optimal coalition structure generation[J].Journal of Artificial Intelligence Research,2009,34(1):521-567.

[101] Agotnes T,Hoek W V,et al. Reasoning about coalitional games [J]. Artificial Intelligence,2009,173(1):45-79.

[102] Shehory O,Kraus S. Methods for task allocation via Agent coalition formation[J]. Artificial Intelligence,1998,101(1/2):165-200.

[103] Chalkiadakis G,Elkind E,et al. Overlapping coalition formation [C]//The 4th International Workshop on Internet and Network Economics,Shanghai,China,2008: 307-321.

[104] Zick Y,Elkind E. Arbitrators in overlapping coalition formation games [C]// Proceedings of the 10th International Conference on Autonmous Agent and Multi-Agent Systems,2011:55-62.

[105] Zick Y,Chalkiadakis G,et al. Overlapping coalition formation games:charting the

tractability frontier［C］//Proceedings of the 11th International Conference on Autonmous Agent and Multi-Agent Systems，Valencia，Spain，2012：787-794.

［106］ Sen S，Dutta P. Searching for optimal coalition structures［C］//Proceedings of the 4th International Conference on Multi-Agent Systems（ICMAS-2000），Boston，USA，2000：286-292.

［107］ 蒋建国，张国富，齐美彬，等. 基于离散粒子群求解复杂联盟的并行生成［J］. 电子与信息学报，2009，31（3）：519-522.

［108］ Serrano E，Moncada P，Garijo M，et al. Evaluating social choice techniques into intelligent environments by Agent based social simulation［J］. Information Sciences，2014（286）：102-124.

［109］ Khan F H，Choi Y J. Distributed games for coordinated coalition formation in femtocell networks［J］. Computer Networks，2014（73）：128-141.

［110］ 李翠莲，杨震，李君. 分组多用户检测联盟模型与联盟形成算法研究［J］. 电子学报，2010，38（10）：2447-2452.

［111］ Zolezzi J M，Rudnick H. Transmission cost allocation by cooperative games and coalition formation［J］. IEEE Transactions on Power Systems，2002，17（4）：1008-1015.

［112］ Zhao H V，Lin W S，et al. Cooperation and coalition in multimedia fingerprinting colluder social networks［J］. IEEE Transactions on Multimedia，2012，14（3）：717-733.

［113］ Dang V D，Dash R K，Rogers A，et al. Overlapping coalition formation for efficient data fusion in multi-sensor networks［C］//Proc. of the 21st National Conf. on Artif. Intell，Boston，MA，2006：635-640.

［114］ Santos V A，Barroso G C，Aguilar M F，et al. Dynamoc：a dynamic overlapping coalition based multi-Agent system for coordination of mobile ad hoc devices［C］//Proc. of the 4th Int. Conf. on Intell. Robot. and Appl.，Springer-Verlag，Aachen，Germany，2011：300-311.

［115］ Bao X，Yang Y，Qiu X. Multi-task overlapping coalition formation mechanism in wireless sensor network［C］//Proc. of the IEEE Network Oper. and Manag. Symp.，IEEE Communications Society，Maui，Hawaii，2012：635-638.

［116］ Zhang Z，Song L，et al. Coalitional games with overlapping coalitions for interference management in small cell networks［J］. IEEE Transactions on Wireless Communications，2014，13（5）：2659-2669.

［117］ Das S，Suganthan P N. Differential evolution：a survey of the state-of-the-art［J］. IEEE Transactions on Evolutionary Computation，2011，15（1）：4-31.

［118］ 魏文红，周建龙，陶铭，等. 一种基于反向学习的约束差分进化算法［J］. 电子学报，2016，44（2）：426-436.

［119］ 林智华，高文，吴春明，等. 基于离散粒子群算法的数据中心网络流量调度研究［J］. 电子

学报,2016,44(9):2197-2202.

[120] 罗金炎.连续型粒子群优化算法的均方收敛性分析[J].电子学报,2012,40(7): 1364-1367.

[121] Benjamini Y,Yekutieli D. The control of the false discovery rate in multiple testing under dependency[J]. The Annals of Statistics,2001,29(4):1165-1188.

[122] Nguyen T T,Yao X. Continuous dynamic constrained optimisation-the challenges[J]. IEEE Transactions on Evolutionary Computation,2012,16(6):769-786.

[123] Rahwan T,Jennings N R. An algorithm for distributing coalitional value calculations among cooperating Agents[J]. Artificial Intelligence,2007,171(8/9):535-567.

[124] Rahwan T,Jennings N R. Distributing coalitional value calculations among cooperative Agents [C]//Proc. of the 20th National Conference on Artificial Intelligence, Pittsburgh,USA,2005:152-157.

[125] 蒋建国,张国富,夏娜,等.一种基于理性 Agent 的任务求解联盟形成策略[J].自动化学 报,2008,34(4):478-481.

[126] Airiau S,Sen S. A fair payoff distribution for myopic rational Agents [C]//Proc. of the 8th International Conference on Autonomous Agents and Multi-Agent Systems, Budapest,Hungary,2009:1305-1306.

[127] Conitzer V,Sandholm T. Computing shapely values,manipulating value division schemes, and checking core membership in multi-issue domains[C]//Proc. of the 19th National Conference on Artificial Intelligence,California,USA,2004:219-225.

[128] Zoltkin G,Rosenschein J S. Coalition, cryptography, and stability: mechanisms for coalition formation in task oriented domains [C]//Proc. of AAAI-94, Seattle, US, 1994:432-437.

[129] Zoltkin G,Rosenschein J S. Negotiation and task sharing among autonomous Agents in cooperative domains [C]//Proc. of 11th Int. Joint Conf. on Artif. Intell. ,1989: 912-917.

[130] Xia C,Howell J. Loop status monitoring and fault localisation[J]. Journal of Process Control,2003,13(7):679-691.

[131] 熊义杰.现代博弈论基础[M].北京:国防工业出版社,2010.

[132] Zhao H V,Lin W S,Liu K J R. Cooperation and coalition in multimedia fingerprinting colluder social networks [J]. IEEE Transactions on Multimedia,2012,14(3):717-733.

[133] 苏兆品,蒋建国,夏娜,等.一种基于 D-S 证据理论的 Agent 联盟评价方法[J].模式识别 与人工智能,2007,20(5):624-629.

[134] 李德毅,刘常昱.论正态云模型的普适性[J].中国工程科学,2004(8):28-34.

[135] 李德毅,刘常昱,杜鹢,等.不确定性人工智能[J].软件学报,2004(11):1583-1594.

[136] 李德毅.知识表示中的不确定性[J].中国工程科学,2000,2(10):73-79.

[137] 邸凯昌,李德毅,李德仁.云理论及其在空间数据发掘和知识发现中的应用[J].中国图象图形学报,1999(11):32-37.

[138] 田敬北,蒋建国,张国富,等.基于云模型的 Agent 联盟评价[J].控制与决策,2013,28(1):152-156.

[139] 张仕斌,许春香.基于云模型的信任评估方法研究[J].计算机学报,2013,36(2):422-431.

[140] 王守信,张莉,李鹤松.一种基于云模型的主观信任评价方法[J].软件学报,2010,21(6):1341-1352.

[141] 麻士东,韩亮,龚光红,等.基于云模型的目标威胁等级评估[J].北京航空航天大学学报,2010,36(2):150-153,179.

[142] 黄海生,王汝传.基于隶属云理论的主观信任评估模型研究[J].通信学报,2008(4):13-19.

[143] 张秋文,章永志,等.基于云模型的水库诱发地震风险多级模糊综合评价[J].水利学报,2014,45(1):87-95.

[144] 刘晶晶,孙永海,陈莉,等.基于云模型的玉米饮料感官鉴评[J].农业机械学报,2013,44(1):112-118.

[145] 帅青燕,何亚伯.基于云模型的坝基岩体质量综合评价[J].东南大学学报(自然科学版),2013,43(S1):54-58.

[146] Molodtsov D. Soft set theory-first results[J]. Comput. Math. Appl. ,1999,379(4/5):19-31.

[147] Maji P K,Biswas R,Roy A R. Fuzzy soft sets[J]. Journal of Fuzzy Mathematics,2001,9(3):589-602.

[148] Maji P K, Roy A R. An application of soft sets in a decision making problem[J]. Comput. Math. Appl. ,2002,44(8):1077-1083.

[149] Kovkov D V,Kolbanov V M,Molodtsov D A. Soft sets theory-based optimization[J]. Journal of Computer and Systems Sciences International,2007,46(6):872-880.

[150] Snow C, Miles R. Managing 21st century network organizations[J]. Organizational Dynamics,1992,20(3):5-20.

[151] Preiss K,Goldman S L,Nagel R N. 21st Century manufacturing enterprises strategy:an industry-led view[M].[S.l.]:Diane Press,1991.

[152] Feng Y,Yang Y,Guo Y F,et al. Design of the third-party knowledge service platform oriented to full lifecycle of virtual enterprise[J].Lect. Notes Electr. Eng. ,2012(154):1701-1707.

[153] 冯蔚东,陈剑,赵纯均.基于遗传算法的动态联盟伙伴选择过程及优化模型[J].清华大学学报(自然科学版),2000,40(10):120-124.

[154] Wang Z,Xu X,Zhan D. Genetic algorithm for collaboration cost optimization-oriented

partner selection in virtual enterprise[J]. International Journal of Production Research, 2009,47(4):859-881.

[155] Xiao J, Liu B, Huang Y, et al. An adaptive quantum swarm evolutionary algorithm for partner selection in virtual enterprise[J]. International Journal of Production Research, 2014,52(6):1607-1621.

[156] Marcus V D, Ricardo J R. A collaborative decision support framework for managing the evolution of virtual enterprises [J]. International Journal of Production Research,2009, 47(17):4833-4854.

[157] 张新香. 虚拟企业合作伙伴选择三阶段模型及方法研究[J]. 管理评论,2011,23(3): 107-111.

[158] 黄彬,高诚辉,陈亮. 模糊完工时间和模糊交货期下的虚拟伙伴选择[J]. 系统工程理论与实践,2010,30(6):1085-1091.

[159] Huang B, Gao C H, Chen L. Partner selection in a virtual enterprise under uncertain information about candidates[J]. Expert Syst. Appl. ,2011(38):11305-11310.

[160] Bremer C F, Eversheim W. From an opportunity identification to its manufacturing:a references model for virtual manufacturing[J]. CIRP Annals-Manuf. Technol. , 2000 (49):325-329.

[161] Zeng Z B, Li Y, Zhu W X. Partner selection with a due date constraint in virtual enterprises[J]. Applied Mathematics and Computation,2006,175(2):1353-1365.

[162] Wu N Q, Mao N, Qian Y M. An approach to partner selection in agile manufacturing [J]. Journal of Intelligent Manufacturing,1999,10(6):519-529.

[163] Wang D, Ip W H, Yung K L. A heuristic genetic algorithm for subcontractor selection in a global manufacturing environment[J]. IEEE Transactions on Systems Man and Cybernetics Part C:Applications and Review,2001,31(2):189-198.

[164] Ip W H, Yung K L, Wang D W. A branch and bound algorithm for subcontractor selection in agile manufacturing environment[J]. International Journal of Production Economics,2004,87(2):195-205.

[165] Wu N Q, Su P. Selection of partners in virtual enterprise paradigm[J]. Robotics and Computer-Integrated Manufacturing,2005,21(2):119-131.

[166] Ye F, Lin Q. Partner selection in a virtual enterprise:a group multiattribute decision model with weighted possibilistic mean values [J]. Mathematical Problems in Engineering,2013(none):1-14.

[167] 贾瑞玉,潘雯雯,刘范范. 粗糙集与遗传算法的虚拟企业伙伴选择[J]. 哈尔滨工程大学学报,2012,33(6):730-734.

[168] 冀巨海,张锐芳. 基于 Vague 集的虚拟企业伙伴选择研究[J]. 数学的实践与认识,2013, 43(20):58-67.

[169]　张敏,肖人彬.多属性群决策视角下的虚拟企业伙伴选择[J].华南理工大学学报(自然科学版),2011,39(1):124-128.

[170]　田俊峰,王闫杰.虚拟企业伙伴选择的信任场模型[J].系统工程理论与实践,2014,34(12):3250-3259.

[171]　韩江洪,王梅芳,马学森,等.基于自适应遗传算法的虚拟企业伙伴选择求解[J].计算机集成制造系统,2008,14(1):118-123.

[172]　钱碧波,潘晓弘,程耀东.敏捷虚拟企业合作伙伴选择评价体系研究[J].中国机械工程,2000,11(4):397-401.

[173]　苏兆品,蒋建国,夏娜,等.一种基于免疫的敏捷虚拟企业伙伴选择算法[J].中国机械工程,2008,19(8):925-929.

[174]　Fonseca C M, Fleming P J. Genetic algorithms for multiobjective optimization: formulation,discussion and generalization[C]//Proc. of the 5th Int'l Conf. on Genetic Algorithms (ICGA'93), Urbana-Champaign, 1993:416-423.

[175]　Srinivas N, Deb K. Multi-objective optimization using non-dominated sorting in genetic algorithms[J]. Evolutionary Computation, 1994, 2(3):221-248.

[176]　Deb K, Pratap A, Agarwal S, et al. A fast and elitist multi-objective genetic algorithm: NSGA-Ⅱ[J]. IEEE Transactions on Evolutionary Computation, 2002, 6(2):182-197.

[177]　Vahid B, Mohamad M K, Azuraliza A B. Multi-objective PSO algorithm for mining numerical association rules without a priori discretization[J]. Expert Systems with Applications, 2014, 41(9):4259-4273.

[178]　Ye C J, Huang M X. Multi-objective optimal power flow considering transient stability based on parallel NSGA-Ⅱ[J]. IEEE Transactions on Power Systems, 2015, 30(2):454-461.

[179]　Li Y, Lu X, Kar N C. Rule-based control strategy with novel parameters optimization using NSGA-Ⅱ for powersplit PHEV operation cost minimization[J]. IEEE Transactions on Vehicular Technology, 2014, 63(7):3051-3061.

[180]　Wang Z, Tang K, Yao X. Multi-objective approaches to optimal testing resource allocation in modular software systems[J]. IEEE Transactions on Reliability, 2010, 59(3):563-575.

[181]　Deb K, Agrawal S, Pratap A, et al. A fast elitist nondominated sorting genetic algorithm for multi-objective optimization: NSGA-Ⅱ[C]//Proc. of the Parallel Problem Solving from Nature VI Conf, Paris, 2000:849-958.

[182]　索林.基于免疫算法的无线传感器网络节点定位算法研究[D].武汉:华中师范大学,2015.

[183]　环境保护部环境工程评估中心.环境影响评价相关法律法规[M].北京:中国环境科学出版社,2014:2-3.

［184］ 钟芳雪.大型复杂工程项目合作绩效影响因素研究［D］.成都：西南交通大学，2015.

［185］ Zhao H V, Lin W S, Liu K J R. Cooperation and coalition in multimedia fingerprinting colluder social networks［J］. IEEE Trans. on Multimedia, 2012, 14(3)：717-733.

［186］ Voice T, Polukarov M, Jennings N R. Coalition structure generation over graphs［J］. Journal of Artificial Intelligence Research, 2014, 45(1)：165-196.

［187］ Rahwan T, Michalak T, Wooldridge M, et al. Anytime coalition structure generation in multi-Agent systems with positive or negative externalities［J］. Artificial Intelligence, 2012, 186(none)：95-122.

［188］ Briscoe G, Dainty A. Construction supply chain integration：an elusive goal［J］. Supply Chain Management, 2005, 10(4)：319-326.

［189］ Latham S M. Construction the team［R］. London：HMSO, 1994：40-45.

［190］ Egan S J. The construction industry task force［R］. London：Department of the Environment, Rethinking construction, 1998：41-44.

［191］ National Economic development Council. Partnering Contract without Conflict［R］. London：HMSO, 1991：40-42.

［192］ USA Construction Industry Institute. Research of Partnering Excellence［J］. USA Construction Industry Institute, 1991(none)：41-45.

［193］ Cheng E W L, Li H. Development of a conceptual model of construction partnering ［J］. Engineering, Construction and Architectural Management, 2001, 8(4)：292-303.

［194］ Love S. Subcontractor partnering：I'll believe it when I see it［J］. Journal of Management in Engineering, 1997, 13(5)：29-31.

［195］ Eriksson P E, Westerberg M. Effects of cooperative procurement procedures on construction project performance：a conceptual framework［J］. International Journal of Project Management, 2011, 29(2)：197-208.

［196］ Smith N J. Engineering project management［M］. Oxford：Blackwell, 1995.

［197］ Zhang H Y, Zhou R, Wang J Q, et al. An FMCDM approach to purchasing decision-making based on cloud model and prospect theory in e-commerce［J］. International Journal of Computational Intelligence Systems, 2016, 9(4)：676-688.

［198］ Zhang X. Criteria for selecting the private-sector partner in public-private partnerships ［J］. Journal of Construction Engineering & Management, 2005, 131(6)：631-644.

［199］ Cao J, Ye F, Zhou G G, et al. A new method for VE partner selection and evaluation based on AHP and fuzzy theory［C］//Computer Supported Cooperative Work in Design, 2004, Proceedings, The 8th International Conference on, 2004：599-602.

［200］ Wu N, Su P. Selection of partners in virtual enterprise paradigm［J］. Robotics and Computer-Integrated Manufacturing, 2005, 21(2)：119-131.

［201］ Ho J K L, Fung R, Chu L, et al. A multimedia communication framework for the selection of collaborative partners in global manufacturing[J]. International Journal of Computer Integrated Manufacturing,2000,13(3):273-285.

[202] Fischer M, Jahn H, Teich T. Optimizing the selection of partners in production networks[J]. Robotics and Computer-Integrated Manufacturing,2004,20(6):593-601.

[203] Amid A, Ghodsypour S H, O'Brien C. Fuzzy multiobjective linear model for supplier selection in a supply chain[J]. International Journal of Production Economics,2006,104 (2):394-407.

[204] Kumaraswamy M M, Anvuur A M. Selecting sustainable teams for PPP projects[J]. Building & Environment,2008,43(6):999-1009.

[205] 叶怀珍,胡异杰.供应链中合作伙伴收益原则研究[J].西南交通大学学报,2004(1): 30-33.

[206] 马士华,王鹏.基于 Shapley 值法的供应链合作伙伴间收益分配机制[J].工业工程与管理,2006(4):43-45,49.

[207] 生延超.基于改进的 Shapley 值法的技术联盟企业利益分配[J].大连理工大学学报(社会科学版),2009,30(2):34-39.

[208] Bierly P E I, Coombs J E. Equity alliances, stages of product development, and alliance instability[J]. Journal of Engineering and Technology Management, 2004, 21 (3): 191-214.

[209] 孙鹏,赵艳萍.基于 Shapley 值法的区域创新网络利益分配机制[J].中国管理信息化, 2008(4):98-100.

[210] 赵晓丽,乞建勋.供应链不同合作模式下合作利益分配机制研究:以煤电企业供应链为例[J].中国管理科学,2007(4):70-76.

[211] 戴建华,薛恒新.基于 Shapley 值法的动态联盟伙伴企业利益分配策略[J].中国管理科学,2004(4):34-37.

[212] 胡绪华,胡汉辉.集群企业联合应对国际贸易摩擦的实证分析:基于修正 Shapley 值法的利益分配[J].国际贸易问题,2008(11):111-115.

[213] 吴绍忠.水电建设企业联盟创造利益分配问题研究[J].西北水电,2007(3):97-100.

[214] 覃正,卢秉恒.灵捷制造的集成决策[J].中国机械工程,1997(6):12-14.

[215] 马鹏举,朱东波,丁玉成,等.基于模糊层次分析方法(F-AHP)的盟员优化选择算法[J].西安交通大学学报,1999(7):110-112.

[216] 杜雪梅.PPP 模式下准经营性城市基础设施项目合作伙伴选择研究[D].重庆:重庆大学,2014.

[217] 曹杰,王海燕,陈森发.动态联盟企业合作伙伴的选择评判分析[J].科技管理研究,2006 (10):203-206.

[218] 韩传峰,陈俊言,孟令鹏.工程建设参与方战略伙伴关系的重复博弈分析[J].建筑经济, 2009(8):87-89.

[219] 王光军,王天然,于海斌.动态联盟盟员选择的决策方法[J].计算机工程与应用,2001(19):10-12,54.

[220] 宋波,徐飞.公私合作制(PPP)研究:基于基础设施项目建设运营过程[M].上海:上海交通大学出版社,2011.

[221] 樊友平,路静宁.公司战略联盟选择的决策方法研究[J].中国软科学,2000(8):102-105.

[222] 高旭阔,陈小虎.PPP再生水项目合作伙伴的可拓评价研究[J].会计之友,2013(14):9-12.

[223] 倪慧.基于项目生命周期的企业合作创新伙伴选择研究[D].哈尔滨:哈尔滨工程大学,2012.

[224] 斯蒂芬·罗宾斯.管理学[M].4版.黄卫伟,孙建敏,等译.北京:中国人民大学出版社,1997.

[225] 史琪立,张俊淞,付敏,等.基于层次分析法和熵值法的学生评教模型[J].科技信息,2013(13):128,171.

[226] 桂海霞,蒋建国,张国富.面向并发多任务的重叠联盟效用分配策略[J].模式识别与人工智能,2016,29(4):332-340.

[227] 包卓.水电工程绿色施工评价研究[D].大连:大连理工大学,2016.

[228] 唐路.绿色施工及评价体系研究[D].济南:山东建筑大学,2014.

[229] 肖丛峰.水电工程建设安全管理体系及成熟度评估研究[D].南昌:南昌大学,2016.

[230] 耿恒银.水利水电工程生态环境影响评价指标体系与评价方法的研究[J].价值工程,2018,37(28):15-16.

[231] 吴伟华.水利工程项目绩效评价工作的一些思考[J].黑龙江水利科技,2012(4):181-182.

[232] 韩姣杰,周国华,李延来.基于利他偏好的项目团队多主体合作行为[J].系统工程理论与实践,2013,33(11):2776-2786.